楽天にもAmazonにも頼らない！

自力でドカンと売上が伸びる ネットショップの鉄則

竹内謙礼
Kenrei Takeuchi

技術評論社

免責

本書に記載された内容は、情報の提供のみを目的としています。したがって、本書を用いた運用は、必ずお客様自身の責任と判断によって行ってください。これらの情報の運用の結果について、技術評論社および著者はいかなる責任も負いません。

本書記載の情報は、刊行時のものを掲載していますので、ご利用時には変更されている場合もあります。

また、ソフトウェアはバージョンアップされる場合があり、本書での説明とは機能内容や画面図などが異なってしまうこともありえます。本書ご購入の前に、必ずバージョン番号をご確認ください。

以上の注意事項をご承諾いただいたうえで、本書をご利用願います。これらの注意事項をお読みいただかずに、お問い合わせいただいても、技術評論社および著者は対処しかねます。あらかじめ、ご承知おきください。

商標、登録商標について

本文中に記載されている製品の名称は、一般に関係各社の商標または登録商標です。なお、本文中では™、®などのマークを省略しています。

はじめに

「あきめないでください。
まだまだネットショップの売上は伸びるんです！」

　これからネットショップを始めたい人、楽天市場の手数料や広告費に悲鳴を上げている人、AmazonやYahoo!ショッピングと並行して、自社サイトの売上を伸ばしたい人――そんな**「自分たちのネットショップで売上を作るんだ！」**という熱い気持ちになっている人のお役に立てる本になればと思い、本書を書かせていただきました。

　私が過去に執筆したネットショップ本は、どちらかというと、厳しい現実を突きつけて、それに立ち向かっていくことを前提として書いた本ばかりでした。しかし、ネットショップの競争が激化している今の状況では、そのような厳しいことばかり書いても、気持ちが暗くなるだけで、まったくやる気が出てきません。やる気が出てこなかったら、どんなに良質なノウハウを提供しても、売上を伸ばすことはできません。つまり、厳しい現実を突きつけても、本末転倒になってしまうのです。

　だから、本書ではネットショップ運営が少しでも面白くなるような販促ネタを中心に書かせていただきました。もちろん、少しは辛口なコメントも書かせてもらっていますが、それは私からの「がんばれ！」というメッセージとして受け止めてもらえればと思います。

　本書の特徴は、下記の3点です。

1. 自社サイトの攻略本である

　"自社サイト"とは、自社ドメインのサイトのことを意味しています。つ

まり、楽天市場やAmazonに依存するのではなく、自分の会社のネットショップを運営するノウハウを書かせていただきました。

2. 長期間、かつ即実践で使える販促ネタが盛りだくさん

何度繰り返し読んでも、必ず気づきがある販促ネタを中心にまとめました。「この1冊さえあれば、ほかのネットショップ本はいらないよ」と言ってもらえるような本を目指しました。即実践で使えるネタばかりを網羅しています。

3. ノウハウを初級・中級・上級にレベル分け

ネットショップ運営は、ノウハウが多すぎて「何から手をつけていいのかわからない」と悩んでいる人が多いのが現状です。本書は「初級」を月商50万円未満、「中級」を月商100万円未満、「上級」を月商100万円以上というレベルでノウハウを分類しました。

「何をやってもダメだぁ……」という人は、ぜひ、初心者向けのところから読み始めてください。ちょっとした工夫でポーンと売上が伸びるノウハウをたくさん紹介しています。この章では、専門知識も経験もいりません。飽きっぽい人でも大丈夫です。

「最近、売上が頭打ちなんだよね……」という人は、中級者向けのところから読んでみてください。今までやっていなかったことや、見逃していたことなどを書いていますので、それらを実践すれば、売上はもう一度加速して伸びていくと思います。

「もっともっと売上が欲しい！」という人は、ぜひ上級者向けのところを読んでください。多少面倒くさくて、大変な販促ノウハウもあると思いますが、ここまで売上を伸ばすことができたあなたなら、きっと実践して結果を残すことができると思います。大丈夫、この戦国時代のような厳しい世界を生き抜いたネットショップです、まだまだ売上は伸びるはずです。

最後に。

本書を読み始めたら、必ず、最後まで読み続けることを約束してください。

こんな分厚い本です。おそらく途中で眠たくなることがたびたびあるかもしれません。また、途中まで読んで、そのまま本棚にそっとしまってしまうかもしれません。でも、本は読まなければ知識になりませんし、武器にもなりません。「ここに書いたことをすべて実践しろ！」なんて厳しいことは言いません。**ただ、ページをめくり、読み進めて、最後のページにたどりつくことだけは実践してください**。そうすれば、必ず「売上を伸ばすぞ！」という気持ちになると思います。そして、ここに書いているノウハウの1個か2個ぐらいは、必ず実践していただけると思います。そうすれば、それが小さな成功体験になって、次から次へと、本書に書かれているノウハウを実践するようになり、売上につなげていっていただけるのではないかと思う次第です。

もちろん、最後まで読み進めていただくためには、著者である私が、刺激的なノウハウと楽しい文章をご提供していかなくてはいけません。これから一緒に、自社サイト販促ノウハウの大海原へ、旅立ちたいと思います。

そういうわけで、いざ、出発！

経営コンサルタント　竹内謙礼

CONTENTS

はじめに 003

【序章】自社サイトを運営するための心構え 011

なぜ、今、自社サイトが熱いのか？ 012
自社サイトを運営するための"男の約束" 014
最適な"目的"を決めれば、最適な"戦略"が見えてくる 016
芸能界とネットショップ運営は同じ。生き残りを賭けた必勝6パターン 019
商品点数が多いのが自慢です。「アイドルグループ」タイプ 022
地道にファンを作れば売れる！「ストリートミュージシャン」タイプ 025
劇場があるから、ネットにもファンがいる。「吉本芸人」タイプ 027
会社の看板を背負っているので無茶はできません。「局アナ」タイプ 030
副業や片手間で、ちょっと稼ぎたい。「地下アイドル」タイプ 032
エース級タレントの影でがんばるしかない。「ジャニーズ」タイプ 039

【初級編】 月商0円から最速で
月商50万円を狙うための即効ノウハウ......043

最もかんたんなリニューアル「電話番号を大きく掲載する」......044
でっかい取引先を釣り上げろ！ 卸や仕入れ対応は、売上アップの特効薬......047
客が来なけりゃ、まずはブログを書こう......050
即効性抜群！ すぐに売上が伸びる自社サイトのキャッチコピー術......053
文章を書くことが苦手な人でも、売れる商品説明文はすぐに書ける......055
とにかく文章は長く書く。そうすれば、売れるし、検索にも有利になる......058
写真のクオリティで、自社サイトの勝負は8割決まる......060
写真をたくさん掲載すれば、商品もたくさん売れる......064
写真に"キャプション"を添えると、買いたい気持ちが膨れ上げる......067
自社サイトは「お客様の声」がなければ絶対に売れないと思え......070
恥ずかしくても、スタッフの写真はガンガン出していこう......073
実店舗や職場の風景写真で「ここでしか買えない」をアピールする......076
動画は「売れるモノ」と「売れないモノ」で使い方にメリハリをつけろ......078
ギフト対応は「ラッピング」と「メッセージカード」で客単価アップ......081
ネットショップから実店舗にお客さんを呼び込んで、リピート率アップ......084
チラシやカタログは、ネットショップへの重要な集客ツール......088
商品に同封する販促チラシは、工夫次第でまだまだ売上が伸びる......090
モチベーション維持のため、同業者の友達を作ろう......092
これからは男性客よりも女性客を意識したほうが売れる......094
売上を伸ばしたければ、楽天市場のコピーは今すぐやめよう......096
「検索キーワード」を意識するだけで、自社サイトの売上はガラリと変わる......098
検索エンジンの"役割"がわかれば、SEOでかんたんに1位が取れる......101
ストレスのないスマホサイトを作れば売れる......104
友達や親族に商品を買ってもらうのは覚悟の表れ......107

【中級編】月商50万円から月商100万円に達するために欠かせない販促テクニック 111

- ブログやFacebookを書き続ければ、必ず売上はついてくる 112
- 読まれにくい自社サイトのメルマガを、読まれるメルマガに変える方法 115
- メルマガを読んでもらうための、質の良いアドレスの集め方 118
- 他社に絶対に負けないプロのコンテンツづくりのコツ 121
- 自社商品の自慢話よりも、他社より優れている話をしたほうが商品は売れる 124
- イラストや漫画を使って、さらに買い物のイメージを膨らませる 127
- 売上を一気に加速させるセールの極意 130
- 「訳あり商品」は新規も常連も両方獲得できる一石二鳥の売り方 133
- 自社サイトの「ポイント」を100%活用して売上を伸ばす方法 135
- お客さんも納得してくれる値上げの方法 137
- グーグルアナリティクスは数字に距離を置いたほうが、的確な判断ができる 140
- 接客メールは「数をこなす」のか「ファンを作る」のかメリハリをつける 144
- 月額1980円で商品点数を5000点まで増やせる「トップセラー」の使い方 147
- 送料無料になる適正の「合計金額」を見つけて、客単価アップを狙う 149
- Amazonにお客さんを根こそぎ持っていかれないための対策 152
- 楽天市場で買わせずに、自社サイトで商品を買わせる方法 155
- 日ごろの生活の中に、売れる検索キーワードを探す習慣を身につけよう 159
- 売れるスマホ専用サイトは「縦長」「横長ボタンバナー」が主流 162
- SEOはノウハウよりも、「やる」「やらない」のケジメをつけることが大事 169

【上級編】月商100万円以上でもまだまだ売上を伸ばす極意 171

- Facebookには向いているネットショップと不向きなネットショップがある 172
- 意図的に「いいね！」を押される戦略を展開しなくてはいけない 175
- Facebookのフォロワーを計画的に増やしていこう 177
- 個人のFacebookでお客さんと距離を縮めていくのが一番 180
- Facebook広告を使って新規顧客をザクザク獲得する方法 183
- 知名度があれば、Twitterでキャンペーン展開して見込み客を集めよう 187
- ビジュアルに自信があれば、インスタグラムで集客できる 190
- LINEで丁寧な対応を心がけて、お客さんをファン化させる 194
- リスティング広告の運用は、1～1年半かけてじっくり取り組もう 196
- ランディングページを作りこんで、購買意欲を徐々に高めさせていく 199
- 「リマーケティング広告」はほかの販促ツールと組み合わせて初めて本領を発揮する 203
- ネット広告の運用は、社内ではなく社外に委託して分業制にせよ 205
- 検索やSNSに頼らずに、爆発的な売上を作るプレスリリース戦略 207
- プレスリリースを書かなくてもマスメディアに取り上げられる方法 210
- ホームページのリニューアルを成功させるためには、戦略をリニューアルせよ 213
- ネットショップの人材採用は、SNSと新聞折り込みを活用すれば解消される 218
- さらなる売上アップを狙うためのシステム選び 222
- 内部スタッフの人数を極力抑えて、効率よく外注スタッフを活用する 224
- 「組織」か「1人」かを決めると、10年先の戦略が見えてくる 227
- 検索キーワードごとに複数ネットショップを運営して、さらにSEOを強化 232
- アフィリエイトは、ビジネスパートナーになったつもりで接しなさい 235
- 売れる商品の開発と仕入れのポイントは「検索キーワード」と「ビジュアル」 238
- 定期購入をしてもらうなら「定期購入しかやらない」ぐらいの覚悟を持て 241
- ホームページが模倣されても、まずは自分で解決することを試みる 244
- 販促イベントの積極的な開催は、SNSとSEOの強化にもつながる 246

インタビューで読み解く成功の秘密 261

"本音"の座談会「本当に自社サイトの運営はネットショップ最強の手段なのか?」................262

成功者への単独インタビュー「主婦1人で立ち上げた小さなネットショップが、
ママ雇用30名を生みたくさんの百貨店で販売する人気店へ」.........................270

おわりに 277

索引 281

序章

自社サイトを
運営するための心構え

序章では、自社サイト運営に関する"心構え"のお話をします。実践的なノウハウに入る前に、「自社サイトの運営とはなんぞや?」ということを理解して、売上を伸ばすための"下準備"を整えていきたいと思います。

| 序章 | CHAPTER 01 |

なぜ、今、自社サイトが熱いのか？

「はじめに」で述べたとおり、本書は自社サイト向けのネットショップ攻略本です。本来であれば、"ネットショップ"と言えば楽天市場やAmazonのようなモールに出店するほうが"売れる"というイメージがあると思いますが、本書はあえて「自社サイト」だけにフォーカスして話を進めていきます。理由は3つあります。

①楽天市場やAmazonの競争が激しくなってきた

ネットショップの数と商品点数が増加して、以前よりも楽天市場やAmazonは売りにくい市場になりました。また、ネット広告のレスポンスの低下や、手数料の値上げなどもあり、ネットショップ運営そのものの環境が厳しさを増しています。そうなると、"売れない"と評されていた自社サイトと、競争の激しいモールでの"売れない"の程度の差が、そんなに大きなものではなくなってきました。

②自社サイトを取り巻く消費者の環境が変わった

Eコマースの競争が激しくなるにつれて、広告費や戦略の組み立て方よりも、「商品力」が問われる時代になりました。そうなると、「どこのお店で売っている」というよりも、「ネットで売っていたら買う」という流れになり、商品力さえあれば、楽天市場やAmazonに頼らなくても、商品が売れるようになってきました。

③ネット市場がボーダレス化してきた

　お客さんのネットスキルが向上したことにより、モールによる"囲い込み"で売ることが難しくなってきました。Facebookで商品情報を得て、インスタグラムで商品を購入する、実店舗で商品を確認して、ネットで商品を購入する──このように、購入パターンがボーダレス化してきた現状では、販促の自由度が高い自社サイトのほうが、ビジネスチャンスが大きくなります。

　もちろん、今でも楽天市場やAmazonの販売力にはズバ抜けたところがあります。しかし、市場の流れを見ると、ネット広告に依存しない売り方が中心となっている今は、モールに依存して商品を売り続けることのほうが、むしろ時代に逆行しているようにも思えます。

　自社サイトが"売れない"というのは、今は昔。もしかしたら、楽天市場やAmazonが売れすぎて、自社サイトの運営にネガティブな印象を持ってしまっただけかもしれません。このようにEコマースの市場は、明らかに自社サイトに有利な環境になりつつあるのです。

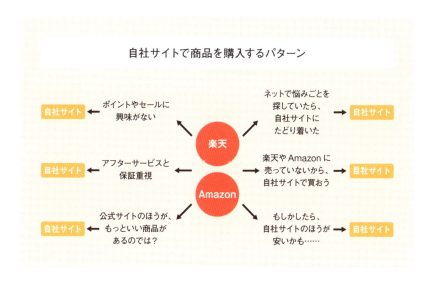

| 序章 | CHAPTER 02 |

自社サイトを運営するための
"男の約束"

集客さえできれば、もう楽天市場やAmazonに高い手数料や広告費を支払わなくて済む

　自社サイトが楽天市場やAmazonよりも売れない理由は、「集客」が弱いからです。そのため、モールに出店する人たちは、「集客」がしたいあまりに、たくさんの手数料や広告費を支払って、ネットショップを運営しているのです。

　しかし、それだけ集客が大事だというにも関わらず、ほとんどの人は、「何もしなくても、お客さんは増えていくだろう」「やり方がわかんないから、とりあえずネットショップを運営しよう」という軽い気持ちで自社サイト運営を始めてしまいます。だから、失敗してしまうのです。

　でも、これは裏を返せば、非常に単純なロジックであることがわかります。なぜならば、集客さえがんばれば、自社サイトは売上が伸びることが保証されているからです。もっと極端なことを言ってしまえば、集客さえできれば、もう楽天市場やAmazonに高い手数料や広告費を支払わなくて済むのです。

「なんとかなるだろう」と、集客をナメてませんか？

　先述したように、自社サイトの運営がうまくいかなくなってしまうのは、ネットショップ運営者が、「集客」をちょっとナメ過ぎてしまったことが要因となっています。私は実店舗のコンサルティングもやっていることもあり、リアルな商売の世界でも本当に"お店に人を呼ぶ"という販促は大変なことだと理解しています。雨の日も風の日も、お店の表に出てチラシ

を手配りしなくてはいけないし、利益が出ないような高い家賃を支払って、ヒーヒー言いながら、お客さんが集まる人どおりの多い一等地にお店を出しています。

しかし、ネットショップ運営になると、リアルにそういう状況を目にすることができないために、「なんとかなるだろう」と、集客をナメてしまうのです。

だから、ここで私と「集客を死ぬ気でがんばるぞ！」という"男の約束"をしてください。この本を読んでいるあなたが女性でも、この約束は守ってください。そうしなければ、どうしても、意識から「集客」という言葉が吹っ飛んでしまって、自社サイトの運営に失敗してしまいます。

「集客のためだったら、私はなんでもするぞ！」

そのくらいの熱い思いさえあれば、自社サイト運営は必ず成功します。

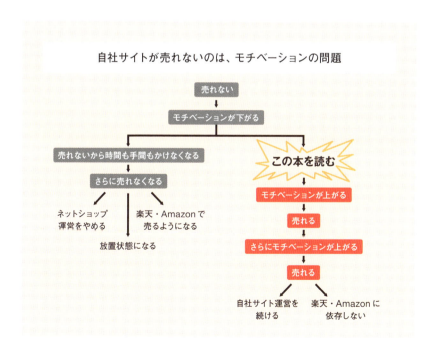

自社サイトが売れないのは、モチベーションの問題

| 序章 | CHAPTER 03 |

最適な"目的"を決めれば、最適な"戦略"が見えてくる

　もうひとつ、自社サイト運営がうまくいかない理由として、「目的」が中途半端になってしまうことが考えられます。もちろん、営利目的ですから、目的は「稼ぐこと」しかありません。しかし、自社サイトの場合、月々のランニングコストがあまりかからないために、「稼ぐこと」よりも「運営すること」に目的がスライドしてしまいます。そして、その結果、ダラダラと運営してしまうサイクルになってしまうのです。

　これは、楽天市場やAmazonと並行運用している人にも同じことが言えます。モールに出店すると、高い手数料と広告費を支払います。そうなると、運営者は「損をしてはいけない」と思うので、真剣に運営するようになります。そのような必死な思いが戦略にも表れて、結果、モールに出店しているネットショップは売上が伸びるのです。

　このように、自社サイトを運営する際は、まずは「目的」を決める必要があります。本気でやるのか、片手間でやるのか、それとも別のことを目的にするのか。その「目的」を決めたことによって、自分自身の仕事に対する力加減が決まって、売上を伸ばすための戦略が立てられるのです。

　自社サイトを運営する目的は以下の3つあります。自分のネットショップ運営のスタイルにあった目的を選んでください。

①本気で運営する

　自社サイト運営に人とお金を投資して、本気で稼ぐことを目的にしましょう。そうすれば、「損をしたくない」という気持ちが働いて、必死になって売上を伸ばすようになります。「売れてからお金や人を入れる」のではなく、「売れる前にお金や人に投資する」ことが、成功するビジネスの鉄

則なのです。

②片手間で運営する

社内事情や体制によって、本気で自社サイトを運営できない会社もあります。

「ほかの仕事があって、ネットショップを運営する時間がない……」
「専属の担当者が置けない……」
「まだ楽天市場に注力しなくてはいけない……」

そのような場合は、実践することを絞って、即効性の高い販促（本書の初級編）だけをやるようにしましょう。また、日常の業務に差し支えのない程度の、継続できるかんたんな仕事を1つやり続けることを心がけましょう。焦らず、じっくり時間をかけて、現実的な売上を目指していけば、自ずと次のステージの売り方が見えてくると思います。

③実店舗中心で運営する

実店舗の集客に力を入れれば、必然的にお店や商品のファンができて、そのお客さんがネットショップでも商品を買ってくれるようになります。自社サイトはあくまでアシスト的な存在であり、手を加える必要はありません。その代わり、徹底して実店舗の広告宣伝やダイレクトメールなどの販促に力を入れていきましょう。もちろん、だからといって自社サイトを放置してはいけません。常に「ネットと実店舗をクロスさせる」という意識を持って、運営してください。

いかがでしょうか。上記の3つのうち、自分の置かれている環境を考慮しながら、自社サイトの運営の"目的"を決めてください。

自社サイト運営 成功のための5ヶ条
（壁や机の前など、いつでも目につくところに貼りましょう）

- ☑ やるからには、必ず儲けよう！
- ☑ 集客のためなら、何でもしよう！
- ☑ お店のファンを作ろう！
- ☑ お金より、手間をかけよう！
- ☑ 継続は、最大の武器！

| 序章 | CHAPTER 04 |

芸能界とネットショップ運営は同じ。生き残りを賭けた必勝6パターン

ネットショップの競争は非常に激しい、けれど

　ネットショップの生き残りは、非常に激しい状況です。ひと昔前に比べて、ネットショップの数は増えていますし、商品点数も莫大な数に膨れ上がっています。さらに、価格競争と広告費の投資競争は激しさを増し、規模の小さなネットショップは以前にも増して生き残りが厳しくなっています。そのような状況下で、自社サイトは楽天市場やAmazonなどのショッピングモールとも戦っていかなくてはいけません。"厳しい"という短い言葉では語り尽くせないほどの競争が、インターネット上で繰り広げられているのです。

　しかし、冷静に考えてみれば、"厳しい"というのは、なにもインターネットの業界に限った話ではありません。飲食店業界も建設業界も、みんな価格競争や競合の進出で、厳しい状況に追い込まれています。同じ社内でも、出世競争や営業先での競争もありますから、そもそも「仕事」というのは厳しいのが常なのです。そう考えれば、「インターネットの競争は厳しいから」という理由だけで、そこから目を背けてしまうことは、非常にもったいないと言えます。どうせお金儲けの世界が厳しいのならば、それを覚悟したうえで、果敢に立ち向かっていったほうが、気持ちがラクになって、いろいろなことにチャレンジできるようになるのです。

"デビュー"する方法はいくらでもある

　今回、自社サイトの運営パターンを「芸能界」にたとえて考えてみました。なぜ、芸能界にたとえたかというと、ネットショップ運営の業界と同

じで、競争が非常に厳しい世界だからです。その厳しい競争の中で生き残っている芸能界の"必勝法"を考察したところ、自社サイト運営のパターンと重なるところが多く、今回ノウハウとして落とし込んでみました。

テレビの世界は、おもに5つのキー局にしか露出するチャンスがなく、さらにその枠には「24時間」という時間制限が設けられています。つまり、人の目に晒されて、必要とされる"枠"が決まっており、そこの狭いごくひと握りの枠に生き残るために、何千人もの芸能人のみなさんが、必死になってがんばっているのです。

そう考えれば、まだネットショップの業界は、ラクだと思いませんか？

検索キーワードは無限大にあるし、世間に露出する方法もたくさんあります。特に自社サイトは自由度が高いので、芸能界でいう"デビュー"する方法は、いくらでもあると言ってもいいでしょう。

これから紹介する自社サイトの運営6パターンは、厳しい競争社会で生き残るための芸能人の知恵が盛りだくさんに含まれているので、ぜひ参考にしてください。

もし、6つのパターンに自分の運営するネットショップが当てはまらなかったとしても、再度"オーディション"を受け直せばいいだけです。もう一度、ネットショップのコンセプト作りから始めて、競争に打ち勝つ戦略を構築すれば、再チャレンジする機会はいくらでもあるのです。

自社サイト運営の6つのパターン

商品点数重視
「アイドルグループ」タイプ

熱烈なファンづくり
「ストリートミュージシャン」タイプ

現実と仮想から集客
「吉本芸人」タイプ

大きな看板背負っています
「局アナ」タイプ

一部マニアに受ければいい
「地下アイドル」タイプ

売れている奴の影になるから難しい
「ジャニーズ」タイプ

| 序章 | CHAPTER 05 |

商品点数が多いのが自慢です。
「アイドルグループ」タイプ

▍仕入れ型のビジネスに向いている

　グループのメンバーが多いと、ファンの数も多くなります。ファンの数が多ければ、CDもたくさん売れるし、コンサートの動員人数も多くなります。アイドルグループ「AKB48」や「モーニング娘。」などは、メンバーの数を増やして、ファンの数を比例して増やしていった戦略があったのかもしれません。

　自社サイトの運営も、そういう意味では、"商品点数勝負"というところが大いにあります。商品点数が多いと、その分商品ページも増えるので、お客さんにネットで検索される可能性が高まります。そうすると、アクセス数が増えて、その商品に対してのリピート客やまとめ買いも増えますから、必然的に売上も比例して伸びていきます。戦略としても、商品点数を増やしていけばいいだけなので、複雑なことを考える必要はありません。先ほどのグループアイドルにたとえるのならば、定期的にオーデションを繰り返して、メンバーを入れ替えて増やしていけば、新しいファンを増やして、売上を伸ばし続けることができるのです。

　このような売り方に適しているのは、仕入れ型のビジネスを展開している自社サイトです。ラインナップが多かったり、多くの仕入れ先にコネクションがあったりする会社であれば、扱う商品を絞り込まず、数を増やしていくことに力を注いでいったほうが得策と言えます。

▍5000点以上の商品点数は欲しいところ

　アイドルグループパターンで成功するための秘訣は、商品点数を増やす

ことに妥協してはいけないという点です。取り扱う商品のカテゴリーによって、必要な商品点数はまちまちですが、ノンジャンルで勝負するのであれば、5000点以上の商品点数は欲しいところです。「商品点数を増やしても売上が伸びない」というネットショップは、えてして数百点ぐらいしか商品を増やしていないケースが多いので、その点に関しては色違い、サイズ違いのほか、さまざまなパターンで商品点数を増やしていってください。

ただし、商品点数が増えると商品管理が複雑になるので、ある売上に達した段階で、在庫管理や受注管理のシステムを導入する必要があります。そういう意味では、システムにくわしい人が近くにいなければ、すぐに売上が頭打ちしてしまうビジネスモデルだというリスクを抱えています。

しかし、それでも、「商品点数を増やす＝売上」という単純なロジックで売上を伸ばせるのは大きなメリットなので、仕入に自信のある会社であれば、徹底的に商品点数を増やすことに力を入れていってください。

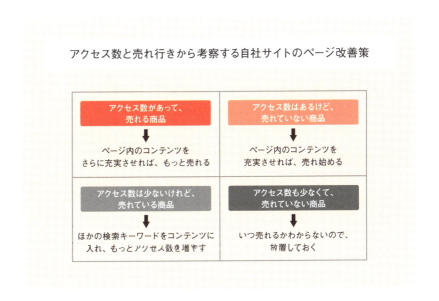

アクセス数と売れ行きから考察する自社サイトのページ改善策

ここがポイント！

商品点数が増えると「売れる商品」と「売れない商品」がハッキリと分かれてきます。しかし、商品点数が多いため、すべての商品に手をかけることはできません。その場合は、アクセス数を基準にして、売れている商品と売れていない商品を分別していくと、ページをどのように改善していけば売上が伸びるのか見えてくるところがあります。

| 序章 | CHAPTER 06 |

地道にファンを作れば売れる！「ストリートミュージシャン」タイプ

商品やお店の「ストーリー」でファンの心を惹きつける

　路上ライブからメジャーデビューする歌手は、思いのほか多いです。「いきものがかり」や「ゆず」など第一線で活躍しているアーティストも、昔は路上で地道に活動していた時期がありました。

　このようなストリートミュージシャンに似ているのが、単品の商品や狭いカテゴリーで勝負する自社サイトです。単品なので、売れる確率は低く、お客さんの目に触れる機会も多くありません。しかし、その"こだわり"は確実にお客さんのハートを鷲づかみにして、熱烈なファン客を作り出していきます。

　このような単品の自社サイトの場合、商品やお店の「ストーリー」が重要になります。アーティストがデビューするまでの苦労話がファンの心を惹きつけるのと同じで、お客さんを魅了するためには物語が必要なのです。そのようなバックグラウンドがあるおかげで、ほかの商品と比較された際、オンリーワンの商材になり、それが付加価値となって、高い価格で売れるようになるのです。そうなると、価格競争にも巻き込まれることがなくなり、「この商品が欲しい！」とお客さんが、自ら商品名や店舗名で検索して、自社サイトに買いに来てくれるようになります。そして、結果的にSEOもせず、広告費もかけずに、売上を伸ばせるようになるのです。このようなストリートミュージシャンタイプのネットショップは、自社サイト運営でも非常に売上が好調です。楽天市場やAmazonに出店していなくても、「この商品が欲しい！」というファン客がわざわざ買いに来てくれるので、集客に苦しむこともありません。

時間と手間をじっくりとかけるのがポイント

　成功のポイントとしては、自社サイト運営に時間と手間をじっくりとかけることです。商品づくりはもちろんのこと、魅力ある商品を伝えるためのコンテンツづくりや、店長やスタッフの思いが伝わるブログやFacebookなど、地道なファンづくりが必要になります。

　ストリートミュージシャンの全員がメジャーデビューできないのと同じで、こだわりの単品通販で成功するのは厳しい戦い方になることはまちがいありません。しかし、「どんな苦難を乗り越えてでも、この商品を売るんだ！」という熱い思いがあれば、ファンがついて、必ず成功の道は開けてくると思います。

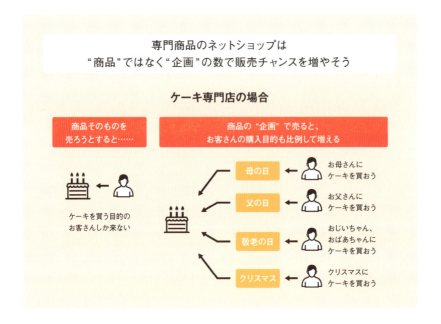

| 序章 | CHAPTER 07 |

劇場があるから、ネットにもファンがいる。「吉本芸人」タイプ

リアルな世界観とバーチャルな世界観を相互に体験させて熱烈なファンを作る

　多くのお笑い芸人を抱える吉本興業。テレビで吉本興業のタレントを見ない日はないというぐらい、たくさんのお笑い芸人が在籍しています。吉本興業のお笑い芸人がお客さんからの支持を集める理由は、実力もさることながら、全国に漫才やコントを披露する劇場を持っていることが大きいと言えます。本拠地のある大阪をはじめ、東京、札幌、千葉、埼玉、沖縄——テレビの中でしか見られない人気のお笑い芸人が、実際にナマで観られるとなると、お客さんの喜びは倍増されます。さらに、劇場でしか観られなかったお笑い芸人がテレビで観られるようになると、その愛着は一気に膨れ上がります。このように、劇場というリアルな世界観と、テレビというバーチャルな世界観を相互に体験させることが、吉本芸人に熱烈なファンを作る要因にもなっているのです。

　このような2つの世界観を体験させてファンづくりを行う手法は、消費のボーダレス化に強い自社サイト運営で活発に行われています。ネットショップで商品を購入して、その後商品が気に入って実店舗に足を運び、オンラインとオフラインの両方の市場で濃密な顧客づくりを行っているのです。そうすることで、他店との差別化を図ることが、実店舗を持っている自社サイト運営には必要なのです。

「実店舗にお客さんを誘導する」というのは、楽天市場やAmazonでは実践できない強み

　成功の秘訣は、ネットと実店舗の両方のコンテンツで、お互いの情報を積極的に発信していくことです。店頭の写真やイベントの様子、お客さんが商品を購入した写真など、実店舗をイメージさせるコンテンツを載せることは、「商品が欲しい」という気持ちをさらに盛り上げてくれます。また、実店舗のパンフレットやカタログでFacebookやLINEなどの情報を掲載して、実店舗のお客さんをSNSに参加させることで、さらにお客さんの購買意欲は活性化されます。検索や広告で獲得したお客さんではなく、実際に店員と触れ合い、お店の雰囲気を体感させてあげたお客さんなので、優良顧客になることまちがいないと言ってもいいでしょう。

　ただし、この戦略の場合、販促が複雑になってしまうことは覚悟しなくてはいけません。お客さんがネットと実店舗の両方を通じて、どのように優良顧客になっていくのか、売り手側がしっかり設計図を描いていなければ、すべてが中途半端な戦略になってしまいます。実店舗とネットショップのお互いのスタッフの意識が高くなければ難しい販促手法なので、スタッフ同士の情報共有はマメに行ったほうがいいと思います。

　「実店舗にお客さんを誘導する」というのは、楽天市場やAmazonでは実践できない、自社サイトならではの強みのひとつと言えます。競合がひしめくEコマースの業界では、今後このような「吉本芸人」タイプの自社サイトが増えていくことが予想されます。

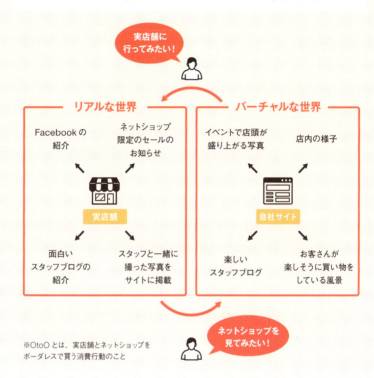

| 序章 | CHAPTER 08 |

会社の看板を背負っているので無茶はできません。「局アナ」タイプ

ユニークな販促企画、セールや値引きができない

　テレビ局のアナウンサーは、非常に難しい立場で仕事をしています。番組の進行役として、マジメな司会業をこなさなくてはいけませんし、テレビ局を代表する立場で番組に参加しているので、大きくハメを外すことも許されません。しかし、バラエティ番組では、タレント顔負けの面白いリアクションを求められるので、自己プロデュースをどこまで踏み込んでやればいいのか、判断が難しいポジションと言えます。

　自社サイトの運営の中でも、局アナと同じように、難しい立場で仕事をしている人が多くいます。それは、メーカーの自社サイトの運営者です。会社の看板を背負ってネットショップを運営しているので、ハメを外したユニークな販促企画を展開することができません。また、新規顧客獲得のためのセール販売や値引き販売も、卸先との関係上、実行するのはほぼ不可能と言ってもいいでしょう。ほかにも、FacebookやTwitterなどもいちいち上司の許可を得なければアップできないなど、厳しい条件の下、ネットショップ運営を強いられている大手企業の運営者は少なくありません。

メーカーとしての強みをうまくアピールしよう

　このような厳しい"縛り"のルールの下で自社サイトを運営する場合は、メーカー直営という"安心感"をアピールすることをおすすめします。たとえば、ほかのネットショップでは提供できない、メーカーならではの商品保証をつけて販売してみるのもいいでしょう。また、メーカー直営サイトだけの限定商品を販売したり、型番遅れの在庫品を販売したりするのも面

白いと思います。

　組織が大きく、フットワークも悪いので、SNSを活用した販促にはあまり力を入れず、コンテンツを充実させて、検索エンジンから確実に新規顧客を獲得していくのが「局アナ」タイプの自社サイトには適した販促手法と言えます。

　難しいポジショニングでの販促を強いられると思いますが、逆を言えば、メーカーとしての強みはコンテンツとして充実させることが可能です。「局アナ」にもファンがたくさんいるのと同じで、メーカー直営サイトにも必ずファンを作ることができますので、諦めず、メーカーならではの売り方を模索してください。

**メーカー直営の自社サイトがやってはいけない
Facebookやブログの使い方**

☑ Facebookやブログで宣伝や情報だけを配信する

SNSは「人」と「人」との交流の場。そのような場で広告のようなつまらない情報を発信し続けても、販促効果はありません。むしろ、ファン客が離れていく要因にもなります。

☑ Facebookもブログも同じ内容

SNSとブログでは役割が違います。同じ情報が流れていると「手を抜いている」とお客さんに思われてしまい、逆効果になる場合もあります。

☑ 担当者に全権がない

わざわざ上司に許可を取るようなFacebookやブログでは、スピーディに情報をお客さんに届けることはできません。

☑ 当たり障りのないことしか書けない

当たり障りのない情報を、わざわざ時間を潰してまで読んでみたいという人はいません。「このFacebookとブログでしか読めない」というレアな情報を書くように心がけましょう。

| 序章 | CHAPTER 09 |

副業や片手間で、ちょっと稼ぎたい。「地下アイドル」タイプ

規模は小さくても確実に利益が出せるビジネスはある

「地下アイドル」とは、メディアにはほとんど露出せず、ライブやイベントなどを中心に活躍するアイドルのことを言います。ごく一部のマニアックなお客さんを相手に活動する彼女たちに対して、世間の目が厳しいのも事実です。しかし、身近な存在ということもあり、ライブハウスに行けば直接会うことができるし、握手をしたりすることも可能です。ファンと一緒に楽しめるライブの光景を観ると、有名タレントに負けないぐらいの盛り上がりを見せてくれるのも、地下アイドルならではの魅力と言えます。

このような、規模は小さくても、お客さんに熱狂的に支持される地下アイドルは、同じく規模が小さくて少数のファン客に支持される自社サイトの運営と非常によく似ています。趣味のアクセサリーだったり、一部のマニアにしかわからない専用パーツだったり、売上は小さくても、確実に利益が出せるビジネスは、じつは自社サイト運営にはピッタリの商材と言えるのです。

最初から手を抜かずに、売れるページを徹底的に作りこむ

このような地下アイドルタイプの自社サイトを成功させる秘訣は、オープン前に徹底的に売れるページを作り込むことです。小規模の自社サイトを立ち上げた人は、お金と時間がないので、適当にサイトを作ってしまいます。しかし、一度運営が始まってしまうと、忙しくて手直しができなくなってしまい、中途半端な状況で売り続けてしまいます。そのような八方ふさがりの状態にならないためにも、最初から手を抜かず、売れている自

社サイトを参考にしながら、戦闘力の高いサイトを作り込むことを心がけたほうがいいでしょう。

　また、いろいろな販促に手を出さないことも重要です。もし、継続して作業を続けるとすれば、ファン顧客を作りやすいFacebookと、検索対策のためのブログの更新ぐらいに日々の作業は留めたほうがいいと思います。

　現時点では、地下アイドルという厳しい立場の自社サイトかもしれませんが、売れ始めたらメジャーデビューも夢ではありません。また、「副業として、ちょっと趣味として稼げればいいや」というのであれば、ランニングコストのかからない地下アイドルタイプの自社サイト運営は最適と言えます。

　売上よりも、その商品を購入してくれるお客さんが喜んでくれる姿が自分の仕事のやりがいにつながるのであれば、規模を拡大せずに運営できるのも、自社サイトの魅力だったりするのです。

最初から売れるネットショップを作り込もう！
繁盛する自社サイトの「トップページ」と「商品ページ」の構成

トップページ

A 店舗名はシンプルに。「掃除機卸値センター」「鉄道模型デパート」など、お得感があり、なおかつ検索されるキーワードが入っている店舗名が理想。ショルダーのキャッチコピーには「品ぞろえナンバー1」などの店舗の特徴を入れてみよう。

B お店の電話番号はわかりやすく大きく掲載。サイドやフッターにも電話番号を記載する。

C 写真に文字を載せる場合は、短めのキャッチコピーで、できるだけ写真を邪魔しないようにレイアウトする。

D ネットショップがビジュアル的に「何のお店か？」がすぐに理解できるような写真を掲載する。

E 一番お客さんの目につくバナー位置。卸販売や大量購入の対応バナー、または実店舗の案内を大きく載せる。

F このネットショップが競合他社と違うポイントを3つ、箇条書きで書く。「検品が2人体制」「すべて国内生産で、スタッフは職人ばかり」など、他社では真似できないポイントを書く。店長や社長の写真も、ここで見せたほうがいい。

G サイドバナーには、お役立ちコンテンツを記載。たとえば、掃除機の販売サイトの場合、「掃除機の歴史」「掃除機の比較」「掃除機の種類」など、掃除機に関するコンテンツを充実させる。このコンテンツ制作により、SEOも強化されて、お客さんの安心感を得ることができる。

H 売れ筋の商品を並べる。掲載数は多いに越したことはないが、下のバナーコンテンツを見せるのであれば、1～2段ぐらいの商品掲載で控えたほうがいいだろう。かんたんなキャッチコピーを添えることも忘れずに。

I イチオシの商品や、セール商品などを掲載。派手なバナーを作って、クリックされるような注意を惹くデザインにする。「このバナーをクリックして、その向こう側にあるページが見たいでしょ？」とお客さんに思わせるバナーが理想。

J セール情報以外にも、ユニークな企画や商品紹介など、お客さんにとって付加価値を高めるようなコンテンツは、大きなバナーを設置して誘導したほうがいい。

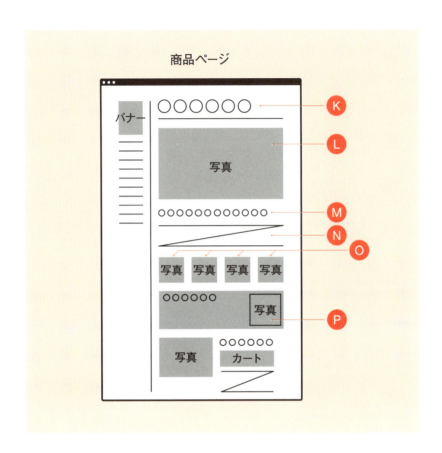

K 商品ページに入ってから真っ先に見えるキャッチコピーは、商品を説明する言葉ではなく、スクロールして続きを見たくなるような言葉にする。たとえば、「大きなコロッケできました」では興味は持たれないが、「苦節10年、やっとできた巨大コロッケ見てください」ならば興味を持ってスクロールしてもらえる。

L 商品ページのメインカットは、その商品を使っている光景の写真のほうがいい。たとえばソファベッドであれば、ソファベッド単体のカットよりも、ソファベッドで寝て、くつろいでいる人のカットのほうが、購入後をイメージさせて購入に結び付けやすくなる。

M 商品の興味を惹いたKのキャッチコピーとは違い、商品の性能をわかりやすくひと言でまとめたキャッチをここに書く。

N 商品の説明文を書くのではなく、「欲しい」と思わせる文章を書く。

O 商品のディティール写真はできるだけ多く載せる。

P 商品の最大の特徴となるポイントは、別コンテンツにして、写真を添えてわかりやすく解説。ここで動画コンテンツを見せるのも一手。

ここがポイント！

34～37ページで解説したレイアウトは、自社サイトのトップページと商品ページの構成です。これは基本形のレイアウトになりますので、商品によって独自でカスタマイズしていく必要があります。最近はスマホサイトからの流入が多いので、PCサイトしか保有していないネットショップの場合は、あまり細かく作り込まずに、わかりやすくシンプルなデザインで作るのが主流になっています。

| 序章 | CHAPTER 10 |

エース級タレントの影で
がんばるしかない。「ジャニーズ」タイプ

複数店舗運営型のネットショップでは、自社サイトの運営が"片手間"になりがち

　多くの人気アイドルを抱えるジャニーズ事務所。「SMAP」や「嵐」など、エース級のタレントが数多く所属していることから、テレビ番組でジャニーズのタレントを観ない日はありません。しかし、テレビに出演できるタレントはごく一部。ほとんどのタレントは、バックダンサーとして踊ったりするだけで、名も知られない芸能人として活動しています。そうやってテレビに出ていない数多くの若手タレントを養っていけるのも、やはり先述したエース級の人気アイドルを抱えて、そこからの収益があるのが大きいと言えます。

　このジャニーズ事務所と同じタイプになるのが、楽天市場やAmazonで売上のほとんどを叩き出す複数店舗運営型のネットショップです。彼らは驚異的な売上をモールで作ってしまうこともあり、どうしても自社サイトの運営が"片手間"になってしまいます。人と時間とお金があれば、確実に稼いでくれるモール型の店舗に投資してしまうので、自社サイトは放置状態になってしまうのです。

　このような、ジャニーズタイプの自社サイトは、「とりあえずやっておこう」という、オマケみたいな存在で扱われるケースが多いです。ジャニーズ事務所で言えば、まさにバックダンサーのジャニーズJr.のような存在。しかし、同じようなタレントの、同じようなコピーの存在のタレントになっても、やはり爆発的に売れることは望めません。なぜならば、似たようなタレントであれば、やはり有名で人気のあるタレントのほうにファンは流れてしまうからです。

これは、自社サイトとモールの店舗を並行して運営しているネットショップと同じ事情になります。楽天市場のコピーサイトを作れば、当然、お客さんは楽天市場で商品を購入します。同じ価格であれば、自社サイトで商品を買うはずがありません。また、自社サイトは独自の集客方法を確立していかなければいけないので、"楽天市場の真似ごと"のような売り方では、永遠にオマケのサイトのままで終わってしまうのです。

個性を出していけば、今よりも売上を伸ばせる可能性は十分ある

　華々しいデビューを自社サイトにさせたければ、まずビジネスモデルを大きく変えることです。たとえば、楽天市場がBtoCのビジネスモデルであれば、自社サイトはBtoBに特化したりするのも一例と言えます。もちろん、ビジネスモデルを変えると手間と時間は余計にかかりますが、世の中で手間と時間をかけずに売れる商売などないのです。ネットショップは、システムで同時管理することが可能なために、複数サイトを並行運用できるように思われがちですが、じつは客層と集客パターンがそれぞれ違うので、まったく違った戦略を立てなければ売上を伸ばすことはできないのです。

　「自社サイトは、楽天市場ほど売れないんだよね」

　そう言ってしまうのは、自社サイトが売れないのではなく、楽天市場がエース級のタレントのような存在となってしまい、驚異的に稼いでくれるから、自社サイトを本気で運営することができないからです。
　しかし、楽天市場やAmazonで売上を伸ばすことができたネットショップであれば、運営者はビジネススキルが高いはずです。積極的に自社サイトを運営していけば、必ず今よりも売上を伸ばすことができると思います。

　最近では、ジャニーズ事務所のタレントでも、天気予報士の資格を取ったり、小説家になったり、生き残りをかけて個性化していく流れが出てきています。それと同じで、自社サイトもモール店舗と差別化を図りながら、

個性を出して売っていかなければいけない時代になったのです。

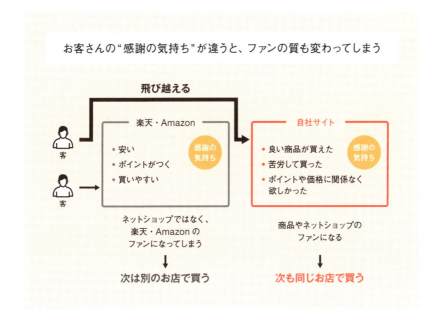

・初級編・

月商0円から最速で月商50万円を狙うための即効ノウハウ

「えっ、月商がたった50万円!?」そう思うかもしれませんが、集客が弱い自社サイトの場合、初心者は無理せず、このくらいの売上を目標にして戦略を立てたほうが現実的です。ノウハウや理屈を語るよりも、「今すぐ、最もかんたんな方法で売上が欲しい!」という欲張りな方向けに、実践的なノウハウばかりを集めました。

| 初級編 | CHAPTER 01 |

最もかんたんなリニューアル「電話番号を大きく掲載する」

伝えたいことを文章化するのは、お客さんにとって手間と時間がかかること

　電話番号を小さく載せているネットショップは多いと思います。会社概要だったり、ページの隅っこだったり —— おそらく「電話がかかってきたら、対応するのが面倒だから」というのが、おもな理由だと思いますが、ちょっとその考えを改めてみましょう。

　まず、お客さんが細かい内容の問い合わせをする際、わざわざ文章で表現するのは非常に面倒だったりします。商品の使い方や性能など、伝えたいことをわかりやすく文章化することは、思いのほか手間と時間がかかる作業なのです。まして、急いでいる時や、スマホで入力するのが苦手な中高年のお客さんの場合は、できればパッと電話をかけて、パッと言葉にして話したほうが、ラクな状況が思いのほか多いはずです。

　そう考えると、ネットショップのあちらこちらに電話番号がわかりやすく掲載されているほうが、利用者にとって便利なはずです。トップページや買い物かごのそば、ページのヘッターやフッターなど、あらゆるところに電話番号を掲載することは、それだけ購入の機会損失を防ぐことにもつながるのです。また、楽天市場やAmazonでは、基本的には自社の電話番号を載せて注文を取ることはご法度になっています。その点から考えても、「電話で注文できる」「電話で問い合わせができる」というのは、自社サイトの大きなメリットと言ってもいいと思います。

注文が少ない段階で「電話が面倒」といっていたら、成長など期待できない

「でも、少ない人数で運営しているから、電話対応は面倒なんですよ」

そのような話をよく自社サイトの運営者から聞きますが、"面倒"という理由だけで注文を逃してしまうことは、本末転倒と言えます。そもそも、売上が伸びたらもっと面倒なことがたくさん待ち受けているので、注文が少ない段階で「電話が面倒」といっていたら、それこそ成長が期待できないビジネスモデルになってしまいます。

序章でも述べたとおり、自社サイトの集客は本当に困難を極めます。そのことを理解したうえで、多少面倒でも、お客さんとの接触チャンスを少しでも増やさなければ、売上を伸ばせないのです。「電話で対応する」というのは、アナログで非常に面倒な作業にはなります。しかし、それが自社サイトのウリになり、他店との差別化になるのであれば、積極的に電話で対応できる体制を整えることも、売上アップの大切な施策になります。

冷静に考えれば、スマホからの注文が増えているのであれば、電話番号を積極的に自社サイトに掲載することは、最も有効な"スマホ対策"と言えます。アナログ的な手法ではありますが、売上に反映されやすいかんたんな売上アップの改善策なので、ぜひ実践してください。

ここがポイント！

電話番号は大きく目立つように書いたほうがいいでしょう。携帯からの電話も想定して、スマホサイトの電話番号表示は、ワンプッシュでかけられるようにしておくことも大切です。また、電話番号の上に「電話注文大歓迎」「電話で女性スタッフが丁寧に解説します」などのキャッチコピーを入れると、お客さんは電話がかけやすくなります。

電話の注文や問い合わせのチャンスを積極的に作る

☑ トップバナー

☑ カートボタンのそば

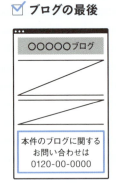

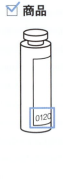

☑ 問い合わせフォームの近く

☑ ブログの最後

☑ 商品

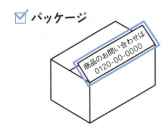

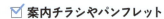

☑ パッケージ

☑ 案内チラシやパンフレット

| 初級編 | CHAPTER 02

でっかい取引先を釣り上げろ!
卸や仕入れ対応は、売上アップの特効薬

法人の業者は安定収入になりやすい

　ネットを通じて、商品を仕入れたり、大量購入したりするお客さんが増えています。いわゆるBtoCではなく、BtoBの取引が、ネットショップで盛んに行われています。従来であれば問屋を経由して探していた商品も、ネットで検索をすれば、自分たちで安く大量購入できるようになったことが、仕入れルートに変化が生じた要因と言えます。

　このような時代背景を考えれば、自社サイトで商品の卸対応をすることは、大量注文を受ける絶好のチャンスを作ることになります。楽天市場やAmazonはBtoCのイメージが強いため、「大量注文や卸対応はしていない」ということで、早い段階でBtoBの取引先の候補から外れてしまいます。そうなると、自社サイトこそ、卸対応や大量購入のお客さんが獲得しやすい、絶好の売場ということになります。

　卸の注文はまとまった量が入るので、自社サイトにとっては大きな売上になります。また、法人の業者は思いのほかリピート率が高く、担当者も引き継がれるケースが多いので、安定収入になりやすい利点があります。ダイレクトメールを出したり、メルマガを発行したりすると、高い確率で目を通してくれるので、卸対応専用の販促にも力を入れてみるといいでしょう。

お客さんは「その商品を仕入れて、どれだけ売上が伸びたか?」を知りたがっている

　卸対応の施策は難しくありません。トップページの目立つところに「卸

対応やっています」「大量注文大歓迎」というバナーを貼り付けて、卸対応専用のページを作るだけです。また、卸や大量注文をした人の感想をそのページに掲載すると、さらなる売上アップが望めます。

　ただし、お客さんを訴求させるポイントは、BtoCの売り方と少しだけ違います。商品を大量に購入する人は、必ずその商品を販売や営業の現場で使います。つまり、その商品が良かったか悪かったというよりも、仕事で利用して「どれだけ売上（利益）が伸びたのか？」ということのほうが、気になるポイントになるのです。「この商品を仕入れた人は、みんな売上が伸びているんだ」ということを理解してもらえれば、大量購入する気持ちも前向きになります。そのような卸専用のコンテンツを充実させることも、自社サイトの売上アップの施策として取り入れてみるといいでしょう。

大量注文が取れるBtoB専用ページの構成

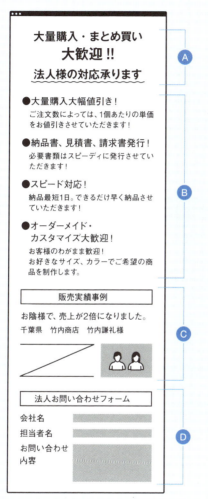

A 法人対応を積極的にやっている雰囲気を出すために大きく掲載。派手目に作るのがポイント。

B この4つのコンテンツは必須。具体的な値引きの率や納品スピードを提示すると、より法人客の食いつきは良い。

C 販売実績は、実際に商品を仕入れた人を取材。会社名、本名、顔写真があったほうが、情報に真実味が出てくる。また、「商品が良かった」という当たり障りのないコメントよりも、「その商品を仕入れて売上が伸びた」「その商品を使うことでコストが3分の1になった」などの、商品の仕入れに明らかにメリットがあることをしっかり伝える。

D 問い合わせフォームはシンプルに。ただし、BtoBは特殊な注文が多いため、口頭での説明のほうが伝わりやすい。できるだけ電話注文に流したほうが得策。なお、パンフレットやカタログを注文させて見込み客を集めて、後から電話で営業をかけてみるのも一手。

初級編　月商0円から最速で月商50万円を狙うための即効ノウハウ

| 初級編 | CHAPTER 03 |

客が来なけりゃ、まずはブログを書こう

最初のうちは1記事500字ぐらいを目標に、1500～2000字ぐらい書けるようになることを目指して

　SNSに押され気味なブログですが、自社サイトの集客手法としては、まだまだ効果の高いツールと言えます。ブログの記事を書けば、ページ数が増えるので検索に引っかかりやすくなりますし、検索経由で新規顧客が増えることは集客力の乏しい自社サイトにとって貴重な「お金のかからない売上アップ方法」のひとつと言えます。また、スタッフのキャラクターも表現しやすく、ファンづくりの情報発信ツールとしても活用することができます。文章力や表現力のスキルアップにもつながるので、ネットショップを始めたばかりの人は、コツコツとブログを書き続けることをおすすめします。

　ブログの内容は、できるだけ検索キーワードを意識して書くようにしましょう。「自分のサイトが、どのような検索キーワードで調べられているのか？」を考えながら書くと、より集客力の高いブログになります。文字数に関しては、理想は1記事1500～2000字ぐらいあったほうがいいでしょう。しかし、初めてブログを書く人が、いきなりその文字数で書くのは大きなストレスになります。ブログは書き続けることが大事なので、最初のうちは500字ぐらいを目標にして、少しずつ文字量を増やしていくようにしたほうがいいと思います。

できるだけ「人」を全面的に打ち出す

　内容に関しては、お店やスタッフの裏話的な話が、お客さんを惹きつけ

ます。写真などを織り交ぜながら、できるだけ楽しい話を書くように心がけましょう。特に、スタッフが写真付きで登場するブログは、お客さんも親近感を持ってファン客になりやすいコンテンツと言えます。できるだけ「人」を全面的に打ち出すような記事を書くことを心がけてください。

　ネットショップ運営は、最終的には「伝える力」によって売上が決まります。「この商品は良い商品だ」ということが伝われば、必ず商品は売れるのです。しかし、ネットショップはおもに「文章」と「写真」によって構成されているため、商品の良さを伝える「文章」が下手だと商品は売れなくなってしまいます。そういう意味でも、売上と文章力は比例するところがありますので、ネットショップ運営者はブログを書き続けて、文章のレベルを上げていかなければいけないのです。

 ここがポイント！

独自ドメインでオリジナルのブログを制作しても、FC2やアメーバなどのブログサービスを利用しても、SEOの差はほとんどありません。ただし、自社サイトのSEO効果を期待するのであれば、やはり同じドメインのもので、オリジナルのブログを制作したほうが得策と言えます。カテゴリーに入れるキーワードも検索の対象になるので、どのようなカテゴリーでブログを書くのか事前に決めておいたほうがいいでしょう。無理のない更新頻度と文字量で、まずは書き続けることを目標に、ブログを始めてみることをおすすめします。

お客さんをファンにさせるブログの作り方

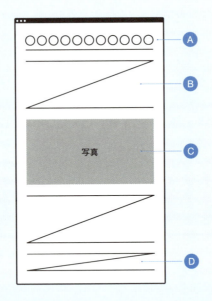

A タイトルは、興味を惹く内容をシンプルに。「今日はスタッフと寒中水泳しました」「湯豆腐にチョコレートをかけたら……」など、中身を読みたくなるようなタイトル名をつけること。
逆に、芸能人ブログのような「今日は寒い」「おなかいっぱい」などのタイトルは、読む気がおきなくなってしまうのでつけてはいけない。あくまで「ファンづくり」「読み続けてもらうこと」を目的にタイトルを書く。

B 文章量は、最初は500字ぐらいでOK。その後、文字数を増やしていく。文章の中でも、極力、検索キーワードを意識して書くことを心がけよう。ただし、極端に検索キーワードを意識して入れすぎてしまうと、スパムブログだと思われるので注意。
文体はできるだけフランクな話し言葉で書いたほうがいい。難しい解説文はできるだけ書かずに、友達に書くようなラフな文章で書いたほうがファンはつきやすい。

C ブログの写真は、クオリティよりもライブ感を重視。生々しい写真であればあるほど、お客さんの注意を惹く。スタッフが出てくる笑顔の写真や、お客さんが笑っている写真は、ブログ全体を明るくしてくれる。
逆に、あたりさわりのない広報写真や、平凡な風景のカットなどは、興味が薄れてしまうので、ブログではあまり使わないほうがいい。

D 最後にホームページのURLや問い合わせメール、電話番号の表記を忘れないこと。

| 初級編 | CHAPTER 04 |

即効性抜群！ すぐに売上が伸びる自社サイトのキャッチコピー術

ネットショップは、お客さんにすぐに**「これは、あなたにとって必要な商品である」**ということを理解させる必要があります。なぜならば、ネットショップは競合が多く、ワンクリックですぐにライバルの店舗に飛んでいってしまうからです。このような見込み客の離脱を防ぐためにも、ネットショップでは、一瞬で商品のメリットを伝える「キャッチコピー」を強化しなくてはいけません。

商品説明ではなく、「買いたい」とイメージさせることが重要

キャッチコピーづくりで陥りがちなミスは、商品を説明している文章を書いてしまうことです。たとえば、高性能なボールペンがあった場合、キャッチコピーを「書きやすいボールペン」と書いてしまうと、商品の性能を説明しているだけになってしまい、その商品をわざわざ購入するメリットがわかりにくくなってしまいます。それよりも、

「仕事の効率がアップするボールペン」
「書き味が高級万年筆と同じボールペン」

などと書いたほうが、具体的なメリットが伝わりやすくなり、商品に対しての興味を湧かせやすくなります。このように、キャッチコピーというのは、商品の特徴を短く伝えたり、説明したりする文章ではなく、その商品を「買いたい」とイメージさせることのほうが重要なのです。

文字数は25〜40字ぐらいを目処に

ただし、興味を持ってもらうことに意識が向きすぎてしまい、いろいろな言葉を入れすぎて長文のキャッチコピーになってしまうケースが多々あります。長文のキャッチコピーは販促効果が非常に鈍くなってしまうので、できるだけ言葉を削ることを意識して、短文のキャッチコピーを作るように心がけましょう。

なお、文字数に関しては、だいたい20字×2行ぐらいを目処にしてください。日本には15〜20字前後で折り返して読む雑誌や書籍が多く、そのくらいの文字数が日本人が最もテンポ良く読める文字量と言えます。

キャッチコピーの改善にはお金はかかりませんし、効果もすぐに出てきます。初心者向けの改善策でもありますので、ぜひ一度、自社サイトのキャッチコピーを見直してください。

「売れるキャッチコピー」は3つのブロックに分けると作りやすい

	引き	特徴	説明
(例)	ワンちゃん大好き	無添加の	ドッグフード
(例)	構想3年	イタリアンシェフも驚いた	幻のマカロン
(例)	片手でOK	ワンルーム用	軽量そうじ機

| 初級編 | CHAPTER 05 |

文章を書くことが苦手な人でも、売れる商品説明文はすぐに書ける

"購入後"をイメージさせること、主語を"自分"にして書くのがポイント

　文章というのは「気持ち」で書くものです。気持ちを乗せればその分伝わりますし、気持ちが乗らなければ第三者にはまったく伝わりません。人と人とのコミュニケーションが「言葉」である以上、そこに気持ちを込めなければ、やはり人に気持ちや思いを伝えることはできないのです。

　あなたがネットショップの商品説明文を書く場合も、「この商品の良さをわかってほしい！」「この商品を、ぜひ買ってほしい！」という強い思いを込めて、文章を書かなくてはいけません。上手に書こうとか、かっこよく書こうとか、そういうことはあまり考えなくてもいいです。まずは、「文章に気持ちを乗せる」ということを意識して、商品説明文を書くようにしましょう。

　商品説明文に売り手側の気持ちを乗せる方法は、

「この商品を買ったら、○○になりますよ」

と、"購入後"をイメージさせる文章を書くことです。また、

「私は、この商品を使ってみて○○だと思う」
「私は、この商品を○○のように使ってみたい」

というように、主語を"自分"にして文章を書くようにすれば、自ずと気持ちのこもった文章になります。

「売り手側しか知らない情報」を積極的に織り込もう

　反面、商品説明文だからといって、ストレートに「説明文」を書いてしまうと、販促の効果は半減してしまいます。商品をいくら言葉で理解させても、「欲しい」という気持ちにならなければ、買い物かごに商品を入れてはくれません。カタログやパンフレットに書いているような文章ではなく、商品の感想を生々しくレポートする文章を書くことが「買ってくれる文章」には必要なのです。

　自社サイトの場合、お客さんがグーグルやヤフーの検索エンジンを経由して、商品のより深い情報を求めてやってきます。つまり、「買いたい」という気持ちと「知りたい」という気持ちの両方を持ち合わせたお客さんがネットショップを見に来るので、どうしても、自社サイトの商品説明文は、内容を深く掘り下げたもののほうがよく売れるのです。そのような事情を考えれば、自社サイトの場合、売り手側しか知らない情報を、積極的に商品説明文に織り込む必要があります。"私しか知らない"という情報が多ければ多いほど、自社サイトのファン客が惹き付けられるのです。

気持ちを乗せて文章を書く方法

☑ ネットの文章の「起承転結」は、一般的な「起承転結」と違う

「起」(お得) 　　　　「承」(独自ネタ)
「転」(もう1つの特徴) 　「結」(買ってね)

☑ この「起承転結」に、「話し言葉の文章」や「○○だと思う」という自分が主語になった文章を挿入する

【例文】

「こんな安くて大丈夫かしら……」たしかに、2畳タイプで108枚入って2940円は安いです。 ── 「起」(お得)

でも、品質は保証付き！ バイヤーが現地の生産地に飛んでいき、メーカーと直接交渉して、とってもお得な価格を実現することができました！ ── 「承」(独自ネタ)

なんといっても最大の特徴は、女性でもラクチンに設置できること。これなら、はさみでかんたんにカットして、汚れてもすぐに取り外しができるから、友達のプレゼントで贈ってみるのもいいかも。防水性も高く、水拭き、水洗いもできるから、利用場所を選びません。 ── 「転」(もう1つの特徴)

この価格では、近所のホームセンターではまず売っていないと思いますので、持ち運びがラクラクなネット通販専門の当店でぜひ！ ── 「結」(買ってね)

> できるだけ自分の「思い」を書くことが重要
> カタログやチラシではわからないことを書く

初級編　月商0円から最速で月商50万円を狙うための即効ノウハウ

| 初級編 | CHAPTER 06 |

とにかく文章は長く書く。そうすれば、売れるし、検索にも有利になる

本気で商品を購入したいお客さんは、長文でもじっくりと読んでくれる

　キャッチコピーは短い文章のほうが販促の効果が高いですが、商品説明文に関しては長文のほうが売上に直結しやすいところがあります。もちろん、読みづらい文章をダラダラと書くことは御法度ですが、文章量が多ければ多いほど、読み手側の理解度は増して、商品を購入してくれる確率は高くなります。また、テキスト文が多いと、その分検索キーワードが増えるので、検索にも引っかかりやすくなります。

　「俺は長文の説明文なんか読みたくないよ」

　そう思う人もいるかもしれませんが、それは本気でその商品を「買いたい」と思っていないからです。欲しい商品や興味のある商品であれば、「もっと商品情報を知りたい」という欲求が高まるはずです。つまり、本気で商品を購入したいお客さんは、長文でもじっくりと読んでくれるのです。

文章は「結論」から書き始めなさい

　長文でも読まれやすい文章を書くコツは、書き出しで読み手側の注意を惹くことです。特に「結論」から文章を書き始めると、お客さんは文章の全体像を意識しながら読むことができるので、長文でも最後まで読まれる確率が高くなります。
　反面、書き出しがダラダラとしてしまう文章は、読み手側も最初から興

味が失せてしまうので、すぐに文章から気持ちを離脱させてしまいます。ネットの文章は、ただでさえ読むことがストレスになるので、冒頭から注意を惹かなければ、すぐにクリックされて、別のページに飛んでいってしまうのです。

　「長い文章を書くことが苦手だ」という人も多くいますが、その苦手意識を克服するためには、とにかく文章を書き続けることが大切です。私の経験上、どんなに文章を書くことが苦手な人でも、1年間、片っ端から文章を書き続ければ、必ずある一定レベルまで文章スキルを高めることができます。また、第三者に読んでもらって、文章を添削してもらうと、さらに文章力のレベルはスピーディにアップしていきますので、最初のうちは、「だれかに文章を読んでもらう」ということを習慣づけてください。

長文でも読みやすいサイトの作り方

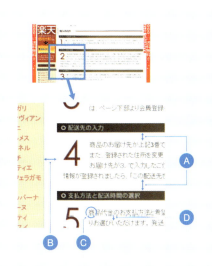

A 上下の余白を空けると、文章の詰め込み感がなくなって読みやすくなる。

B 左右の余白を空けると、文章の詰め込み感がなくなって読みやすくなる。

C フォントの種類を変えるだけで、圧倒的に本文は読みやすくなる。おすすめは有料で販売されているモリサワの「新ゴ」。無料で入手できるフォントは、読みづらくなるだけではなく、サイト全体が安っぽいものに仕上がってしまう。

D 文章と文章の隙間を少し空けるだけで、文章の詰め込み感は解消される。

【情報提供】ホームページ制作会社　ウェブシード
http://www.web-seed.com/

【画像】ブランドインデックス
http://www.brand-index.jp/guide/flow/

| 初級編 | CHAPTER 07 |

写真のクオリティで、自社サイトの勝負は8割決まる

まずは写真を撮ることに興味を持つことが大切

　ネットショップの印象は、写真のクオリティで、ほぼ勝負が決まってしまうところがあります。「戦略が大事」だとか「商品力が大事」だとか御託を並べても、結局はお客さんの第一印象となる写真の出来不出来で決まってしまうのです。見た目で「欲しい」と思わせるような写真でなければ当然売れませんし、汚い写真や興味の湧かないような写真を見せてもお客さんは「買いたい」という気持ちになってくれません。極論を言えば、多少ネットショップのデザインのレベルが低くても、写真さえ100点満点の出来だったら、その商品は売れてしまうのです。

　自社サイトの売上が伸びない場合、まずは写真のクオリティを上げることから改善していくのも一手です。競合他社で売れているネットショップを参考にしながら、自分で写真を撮ってみることから始めてみましょう。売れているネットショップの写真の構図やアングルなどを意識して見てみると、その写真をお客さんに見せる意図や、売れている理由がわかってきます。そのような"見せ方"を学ぶことで、少しずつ写真のセンスが磨かれていくのです。また、この段階では、露出や絞り、ホワイトバランスなどの技術的なことはあまり意識しなくてもいいです。それよりも、写真を撮ることに興味を持つことのほうが大切です。そうすれば、「もっといい写真が撮りたい」という気持ちが強くなり、ネットで検索したり、本を購入したりしながら、自然とより良い写真の撮り方を学んでいくようになります。

プロに依頼するかは慎重に検討して

しかし、写真が重要だからと言って、プロのカメラマンを採用するかどうかは、慎重に考えたほうがいいと思います。プロのカメラマンは、キレイな写真を撮ることはできますが、お客さん目線の「買いたい」という気持ちを湧き立たせてくれるような生々しい写真を撮るのはあまり得意ではありません。また、撮影料も決して安くはないので、プロのカメラマンに撮影を依頼すると、利益を圧迫しかねないところがあります。写真撮影はそんなに難しいテクニックではありませんので、独学で試行錯誤を繰り返しながら、セミプロ並みの写真を撮っていくスタイルのほうが、自社サイト運営には適切だと思います。

写真のクオリティをガラリと変える、ちょっとした小技ベスト5

☑ その1　商品を斜めにして撮影する

Before  After

真正面に撮影すると、"つまらないもの"という印象を与えてしまう。斜めにして撮影すると、立体感が生まれて、実物の商品をイメージしやすくなる。

☑ その2　商品を横から撮影する

Before  After

真横から撮影すると、背景紙と商品の間に空間が生まれて、商品に立体感が生まれる。

☑ その3　カメラを斜めにして撮影する

Before　　　　　　After

カメラを水平にして撮影すると平凡な写真になってしまうが、斜めにして撮影すると迫力が出てメッセージ性のある写真になる。

☑ その4　背景を演出する

スイーツであれば、背景にコーヒーを置くだけで、ティータイムのような高級感のあるイメージをお客さんに伝えることができる。

☑ その5　食品は食べる瞬間を撮影する

今すぐにでも写真から飛び出してきそうな写真を撮影すると、お客さんに「食べてみたい」という気持ちを湧き立たせることができる。

ここがポイント！

商品写真は専用の撮影キットで撮ったほうが、何倍もクオリティの高い写真を撮影することができます。株式会社ミジンコの「王様の撮影キット」は、コンパクトなサイズで設営もかんたん。すべてがオールインワンになっているので、余計に買い足す機材がほとんどありません。しかも、購入後に写真撮影に関する無料のアドバイスをもらえるサポート付きなので、写真撮影に困っているネットショップ運営者にはおすすめです。今回、本書で紹介したような写真撮影のノウハウもホームページに多数掲載されているので、一度チェックしてみることをおすすめします。

【情報提供】株式会社ミジンコ「王様の撮影キット」
http://www.netshop-set.com/

| 初級編 | CHAPTER 08 |

写真をたくさん掲載すれば、商品もたくさん売れる

お客さんの買い物への不安を解消させて、使っているイメージを湧かせる

　ネット通販は、商品を手に取ることができないので、お客さんは不安な気持ちでページを閲覧している状況です。その不安な気持ちを少しでも解消させてあげるためには、写真をたくさん見せてあげることが効果的です。

　たとえば、マグカップの写真であれば、本体の写真だけではなく、カップの表面の材質の写真や、持ち手のところの写真、カップの裏側や、デザインのアップなど、「こんな写真まで掲載する必要あるの？」というところまで写真を掲載してあげると、お客さんの買い物への不安は少しずつ解消されていきます。

　また、商品の紹介写真だけでなく、使っているイメージを湧かせるカットも必要になります。先述したマグカップであれば、オープンカフェの机の上に置かれているカットや、オフィスの休憩時間を連想させるカットなど、「この商品を使ったら、こうなるんだな」というイメージを湧かせるカットは、購買意欲を高めてくれるので、直接購入につながるコンテンツになります。

店舗の外観、店内、スタッフの写真もたくさん掲載しよう

　商品以外の写真も、たくさんネットショップに掲載するようにしましょう。特に自社サイトの場合は、店舗の外観や店内の写真を掲載すれば「実店舗で商品を購入したい」という人をネットショップから誘導できるようになりますし、ネットショップでしか商品を買わない人にとっても安心感

につながります。また、スタッフの写真に関しても、積極的にホームページに掲載すると、お客さんはさらにリアリティのあるイメージを膨らませてくれます。

　なお、スタッフや店長の人物写真を撮影する際は、できるだけ笑顔の写真を撮ることを心がけてください。無理してでも笑顔を作らなければ、サイト自体が"つまらないもの"と勘違いされてしまいます。そのため、恥ずかしい気持ちを振り切ってでも、目一杯の笑顔で写真を撮ってください。

　このように、掲載する写真の"数"にこだわると、サイトの見栄えは非常に良くなります。お客さんのサイトでの滞在時間も長くなり、転換率も向上して、売上に直結していくネットショップになるのです。

売れるページづくりから考える写真コンテンツの配置

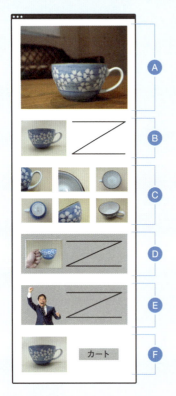

A 欲しいと思わせるイメージ写真
商品の雰囲気や世界観、使っている様子などを伝える写真。ページのファーストビューでもあるので、インパクトのある写真で。

↓

B 商品全体をイメージさせる写真
イメージを膨らませたところで、商品を冷静に判断させるオーソドックスな写真を置く。メリハリがつくのでスクロールされやすくなる。

↓

C 商品の詳細をイメージさせる写真
ディティール写真は多いに越したことはない。いろいろな角度の写真を見せることで、購入者の不安を解消させる。

↓

D 商品の使い方や特徴を伝える写真
商品の最大の特徴を、独立したコンテンツとして見せる。この商品を購入するかしないか、最後の"背中押し"になる写真を掲載する。

↓

E 売り手の写真
販売者の写真を入れて安心感を与える。大げさなぐらいの笑顔の写真が理想。ここに個人的なコメントを書くと、より購入するイメージを湧かせてくれる。

↓

F 再確認のための商品全体写真
商品購入を決断させるときは、余計な写真情報を見せて迷わせてはいけない。冒頭で使ったオーソドックスな写真を見せるのが基本。

| 初級編 | CHAPTER 09 |

写真に"キャプション"を添えると、買いたい気持ちが膨れ上がる

お客さんの気持ちがこちらの意図しない方向に流れてしまうのを防ぐ

　雑誌などを見ると、必ず写真の下に小さい文字で説明文が入っていると思います。これは"キャプション"といって、お客さんの購買意欲を強めるものです。

　先述したように、写真はネットショップにとって重要なコミュニケーションツールになります。しかし、売り手側が写真で伝えたいことが、必ずしも買い手側に額面どおりに伝わるとは限りません。たとえば、トートバックの外側のポケットの写真を掲載した場合、売り手側はポケットの"利便性"をアピールしたい狙いがあったとします。しかし、キャプションがなければ、買い手側はその写真を見ても、ポケットの"デザイン"に注目してしまう可能性が出てきてしまいます。このように、写真に説明文がなければ、お客さんが勝手なイメージを膨らませてしまい、こちらが意図しない方向に気持ちが流れてしまう可能性が出てきてしまうのです。

　商品の詳細写真をサイトに載せる際は、1点1点、丁寧にキャプションを書くことをおすすめします。そうすると、キャプションが写真のアシスト的な役割を果たしてくれるようになります。

「写真で見てもわからないことを書く」ことを心がける

　キャプションを書く際に注意したいことは、「写真で見てわかるような、当たり前のことは書かない」という点です。たとえば、赤色の財布の写真を載せて、その下に「赤色の財布です」というキャプションを載せても、お客さんの購買意欲を高めることはできません。なぜならば、写真に写っている内容をただ言葉で説明しても、購入へのアシストにならないからです。そのような意味のないキャプションにならないためにも、写真に添える説明文は「写真で見てもわからないことを書く」ということを心がける必要があります。先述した赤い財布の場合、

　「派手な色の財布なら、鞄の中でも探しやすい」
　「藍染めで仕上げたデザインは和服にも似合う」

というようなコメントを添えてあげると、イメージが映像となって頭の中に膨らみやすくなります。
　このように、写真に添える小さな文字ですが、その言葉はお客さんのイメージを膨らませてくれる大切な売り手側からのメッセージになることは、頭の中に入れておいてください。

写真のキャプションの書き方のコツ

☑ **例1**
× 白い持ち手がオシャレでかわいい
○ スッと指が入る形状だから、とっても持ちやすい

☑ **例2**
× 桜の模様がとっても可愛らしい
○ 職人が描いたので、ひとつひとつの桜の形が違う。手作り感満載

ここがポイント！

写真で見てわかるような言葉をキャプションに添えても、購入動機にはつながりません。写真を見て、イメージを膨らませるような言葉を添えることで、初めてディティール写真が購入動機へのアシストをしてくれます。

| 初級編 | CHAPTER 10 |

自社サイトは「お客様の声」がなければ絶対に売れないと思え

ネット通販では商品を手にすることができないので、購入者は不安でいっぱい

　ネットショップで商品を購入する際、「お客様の声」を読む人は多いものです。つまり、それだけ商品を購入する前に不安になっている人が多いということになります。ネット通販では商品を手にすることができないので、購入者は不安でいっぱいです。だから、商品を購入した人の感想を読んでから、慎重にネットショップで商品を購入しているのです。特に、楽天市場やAmazonは「レビュー」という形でお客様の声を掲載しており、そこに書かれている商品の評判やコメントが、商品の売れ行きを左右してしまうぐらいの存在になっています。

　そう考えると、自社サイトで商品を購入するというのは、なおさら不安でいっぱいということになります。楽天市場やAmazonでさえあれだけレビューを載せているのに、知名度のない自社サイトにレビューがなければ、お客さんは「この店、本当に大丈夫か？」という気持ちになってしまいます。自社サイトで楽天市場やAmazon以上の安心感を与えるためには、お客様の声は必須で掲載しなくてはいけません。

モニターサービスや割引サービスを積極的に活用して、お客様の声を集めよう

　しかし、実際のところ、多くの自社サイトがお客様の声を載せていないのが現状です。また、載せていたとしても、かんたんなひと言コメントだったり、イニシャルによる感想だったり、購入に結びつくようなお客様

の声を載せているところはごくわずかと言えます。

　売上につながるお客様の声には、真実味があることが重要です。お客さんの許可をいただいたうえで、本名で載せて、住所も都道府県ぐらいまでは掲載したほうがいいでしょう。また、商品と一緒に写っているお客さんの顔写真などがあれば、お客さんの不安な気持ちは払しょくされると思います。

　モニターサービスや割引サービスを積極的に活用すれば、お客様の声を集めることも難しい話ではありません。また、オープンしたばかりで商品が売れた実績がなければ、知人にお願いして無料モニターになってもらってレビューを掲載するのも一手です。

　お客様の声を集めることは、お客さんとのコミュニケーションを増やすチャンスにもなり、優良顧客の育成にもつながります。また、お客様の声を多く載せると、テキスト文が増えるので、検索エンジン対策にもなります。お客様の声を載せるのはいいことばかりなので、多少面倒でも、積極的に集めることをおすすめします。

「お客様の声」を掲載するまでの交渉メール文・アンケート文事例

☑ ①「お客様の声」を頂だいするための交渉メール

商品が届いてからのアンケート回収は、レスポンスが悪くなってしまいます。そのため、先にアンケートに答えていただくことを了承していただき、その後アンケートを送るようにしたほうがいいでしょう。同時に、お客様の声をネットに掲載する旨をこの段階で了承してもらうこともポイントです。

【例文】
この度は商品ご購入ありがとうございます。当店では、現在、お客様からお買い上げいただいた商品の感想を聞かせていただく「期間限定モニターキャンペーン」を実施しております。この企画にご参加いただければ、送料760円を【無料】にてお届けさせていただきます。
お客様からいただいた商品の感想は、今後の商品開発やサービス向上のほかに、「お客様の声」という形で、弊社ネットショップやパンフレットなどで使用させていただく予定です。
モニターキャンペーンの詳細は、下記のページにて告知しております。期間限定のサービスとなっておりますので、お早目のお申込みのほど、よろしくお願いします。

☑ ②お客さんへのアンケート事例

「購入前」と「購入後」の両方の感想を聞くと、より購入動機が明確なお客様アンケートを回収することができます。その後、加筆して２つの回答を１つの文章でまとめるようにしましょう。念のために、お客様には文章を加筆訂正する旨を伝えるようにしましょう。なお、こちらからサンプルの写真とアンケート回答文を送ると、お客様のほうも回答が書きやすくなります。

【例文】
この度はモニターキャンペーンにご参加いただき、まことにありがとうございます。
さっそくですが、下記の質問にお答えいただければ幸いです。

質問1：購入前は、弊社の商品にどのようなイメージを持たれていましたか？
質問2：購入後は、弊社の商品に対して、どのようにイメージが変わりました？

なお、いただいた回答は、お客様が読みやすいように加筆修正させていただきますので、安心してざっくばらんに思ったことを書き込んでいただければと思います。また、紙面やホームページ記載用として、お写真を1点お借りできればと思います。もしよろしければ、商品と一緒にお客様が笑顔で写っている写真などがあれば、うれしく思います。文章のサンプルと写真のサンプルを添付させていただきましたので、参照していただければ幸いです。

| 初級編 | CHAPTER 11 |

恥ずかしくても、スタッフの写真はガンガン出していこう

"人"以外は他店との違いをアピールできない

　自分の顔写真をホームページに掲載すると、とても恥ずかしい気持ちになります。「できることなら、自分の顔などさらけ出したくない」というのが多くの人の本音だと思います。しかし、自社サイトの場合、その恥ずかしさを振り切ってでも、ガンガンと顔写真を掲載していかなくてはいけません。なぜならば、売り手の"人"で他店との違いをアピールしていかなければ、商品の差別化ができないからです。

　冷静になって考えてみましょう。あなたが取り扱っている商品は、あなたのお店でしか買えないものでしょうか？　楽天市場やAmazonでも取り扱われている商品かもしれないし、価格もほかのネットショップのほうが安いかもしれません。また、オリジナルの商品だとしても、類似品があったり、代替商品があったり、あなたのネットショップで商品を買わなくてもまったく不自由をしないというのが、今のモノが溢れる時代なのです。

　このように、商品の差別化が難しくなっている以上、競合他社との違いを表現していくためには、"売っている人"をアピールしていくしかありません。スタッフの知識の豊富さ、こだわり、面白さ —— そのような人の魅力で商品やお店を好きになってもらわなければ、価格が安いお店にお客さんはすぐに流れていってしまうのです。

　このような事情から、どんなに恥ずかしくても、店長やスタッフは、積極的にネットショップに顔を出して、"人"で商品を売っていく必要があります。恥ずかしいからと言って、自分の写真を小さく載せてしまう人もいますが、それこそ本末転倒になってしまいます。むしろ、「商品に自信がないのか」と思われてしまい、逆効果と言ってもいいでしょう。腹をくくって、思

い切って自分の写真をネットショップでガンガン載せていきましょう。

量も、大きさも、カッコのつけ方も "恥ずかしい" と思うぐらいのレベルで

　店長やスタッフの写真を載せる際は、自分が"恥ずかしい"と思うぐらい、たくさんの写真を載せることを心がけましょう。そして、自分が"恥ずかしい"と思うぐらい大きく使い、自分が"恥ずかしい"と思うぐらいカッコつけた写真を撮ることが、売上アップのページづくりには必要です。

　「モノ」ではなく、「人」で商品を売れるようになれば、リピート率も上がり、息の長いネットショップ運営が可能になります。いくら「商品」にファンをつけたとしても、価格や商品力で差が出てきてしまうと、お客さんはすぐに浮気してしまいます。しかし、「人」にファンをつけると、唯一無二の存在になるので、なかなか離れることはありません。ワンクリックですぐにライバルのお店に飛んで行ってしまうネットショップこそ、"人"を全面に打ち出した個性的なネットショップで販売をしていかなければいけないのです。

自社サイトは「キャラクターゾーン」で戦わなくては生き残れない

自社サイト・安売りゾーン

**とにかく安く売って
お客さんを集める自社サイト**

価格で勝負すると、すぐに「楽天・Amazonのほうが安いのでは？」と思われてしまう。

楽天・Amazonゾーン

**モールに出店している
ネットショップ**

安い、ポイントが付く、買いやすい。ただし、お店のファンにはなりづらい。

自社サイト非キャラクターゾーン

**自社サイトで商品の性能や
スペックだけを掲載している
ネットショップ**

オリジナル商品であれば可。ただし、他店でも売られている量販品や、他店の商品でも代替できてしまう商品は、すぐに価格競争になって、他店に顧客が流れてしまう。

自社サイト・キャラクターゾーン

**自社サイトでスタッフや
店長のキャラクターを
全面に打ち出しているネットショップ**

「あの店長から買おう」「あのお店から買おう」「あの店、あのスタッフ大好き！」と価格や商品力とは別のところで客に訴求させるため、顧客がファン化しやすい。

| 初級編 | CHAPTER 12 |

実店舗や職場の風景写真で「ここでしか買えない」をアピールする

「入手困難なものが手に入る」から欲しくなる

　ネット通販の魅力は"入手困難な商品を買える"という点です。地方都市に住んでいる人が都会でしか売っていない洋服が買えたり、都心部に住んでいる人が手に入らない珍しい野菜が買えたり、時間と距離の制約で入手困難なものが買える喜びがあるから、ネット通販という特殊な方法で商品を購入するのです。そのような事情を考えると、ネットショップで商品を購入する人に対して、「手に入らないものが手に入る」ということをアピールできれば、さらに購買意欲が掻きたてられるはずです。つまり、売っている場所が遠かったり、近所にはお店がないことをアピールしたりすることができれば、余計に"欲しい"という気持ちが強くなるのです。

商品ではなく「距離」にプレミアム感をつけてみる

　そのような入手困難な状況をアピールするためには、ネットショップで「場所」を強調する必要があります。たとえば、スイーツのネットショップの場合、スイーツを作る機材さえあれば、実店舗がなくても、ネット上にお店を構えることは可能です。しかし、そうなってしまうと、お客さんに「そこのお店でしか買えない」という距離感をイメージさせることができないので、「わざわざお取り寄せをしたい」という気持ちを半減させてしまいます。

　そのようなネット通販の魅力を損なわないためにも、やはり、小さくても実店舗の紹介をネットショップで行ったほうが得策と言えます。どこでお店を構えているのかも明確にアピールして、お客さんが買い物に来てい

る風景や、製造風景などを積極的にページで紹介したほうがいいでしょう。そして、「場所」をアピールすることで、お客さんに「距離」をイメージさせて、"わざわざネットで買わなくてはいけない"というワクワク感を生み出すのです。

　実店舗がない場合は、オフィスの風景や会社がある地元の町の話などをブログやFacebookで公開していくことをおすすめします。何の変哲もない近所の話でも、外部の人から見れば新鮮な話だと受け止めてくれます。なじみのない都市であれば、なおさら興味と親近感を持って読んでくれるはずです。

　商品にプレミアム感をつけるのではなく、"遠い"という距離にプレミアム感をつけてみるのも、ネット通販ならではの付加価値と言えます。

ネットショップは売っている場所を意識させる

| 初級編 | CHAPTER 13 |

動画は「売れるモノ」と「売れないモノ」で使い方にメリハリをつけろ

商品のイメージが動画によって悪くなってしまう可能性も

　動画コンテンツに注目が集まっていますが、ネット通販になると、その扱いが少し難しくなってきます。最大の問題は、素人が撮影すると動画のクオリティが低いという点です。写真に比べて、動画はテクニックや加工でごまかすことが難しく、安っぽい動画を制作してしまうと、安っぽさが露骨にお客さんに伝わってしまいます。そのため、高品質な商品も、動画になったことで安っぽく見られたり、商品のイメージが動画によって悪くなってしまったり、逆効果になってしまうことが多々あるのです。

　また、動画は撮影したり、編集したりするクリエイティブな能力に要求されるレベルが、ほかのネットコンテンツと比べて高くなります。しかし、実際には素人が制作してしまうので、どうしても"田舎のテレビCM"のような乱雑さが出てしまいます。店長が商品を手に持って「買ってくださいね！」というだけの意味のない動画を平気で流してしまうのは、ある意味、動画を制作するプロ意識がない人がネットショップ業界には多いことを物語っています。

高性能の一眼レフカメラの動画機能を使って、1分以内にまとめよう

　しかし、商品によっては、多少素人っぽい動画でも、売上につながるケースもあります。たとえば、取り付け方法が複雑な商品だったり、使い方がわかりにくかったりする商品は、かんたんな動画を挿入するだけで、売上に直結するケースがあります。また、リピート率が高い商品や、人気商品に関しては、お客さんがそもそも商品の良さを理解しているので、レ

ベルの低い動画を挿入しても、商品を買ってくれることがあります。

　動画を制作する際は、高性能の一眼レフカメラの動画機能を使って撮影することをおすすめします。ライティングもしっかり行って明るさをキープして、1分以内の動画コンテンツにまとめることを心がけましょう。

　動画に関しては、まだまだ決定的な"売り方"というものは確立されておらず、売れる商品と売れない商品のムラが激しいというのが現状です。そのため、できるだけ多くの商品に動画を掲載して、その中で売れる商品の動画の傾向をつかんでから、本格的にお金をかけた動画を制作していくといいでしょう。

　スマホやSNSと相性の良い動画コンテンツは、今後ネット通販の主流になっていくことはまちがいありません。早い段階から動画を使った売り方を確立しておくことは、ネットショップの今後の運営に大きなプラスになると思います。

動画撮影の設備とポイント

A　カメラは高性能の一眼レフカメラの動画機能で撮影したほうが、画質が良い。また2台体制で撮影したほうが、いろいろなアングルが取れて、飽きさせない動画を編集することができる。ブレないように、三脚は必須。

B　ライティングは1灯だと影ができやすいので、小型なものでもいいので2灯あったほうがいい。

C　人物も絡めて撮影する場合は、マイクを専用でつけたほうがいい。カメラに内蔵されているマイクでは、音が籠ってしまう。

ここがポイント！

本格的な動画を撮影する場合は、カメラ2台、照明2灯あったほうがいいでしょう。そのくらいの設備がなければ、せっかくの動画も安っぽくなってしまいます。

また、流れで適当に撮影してしまうと、ダラダラとした動画になってしまうので、事前に絵コンテを制作することは必須です。内容に関しては、1分以内でまとめましょう。それ以上長いネットの広告動画は、視聴者が耐えられません。

そうなると、動画で伝えられるセールスポイントは、せいぜい1～2個ぐらいが限界になるので、伝えることは極力コンパクトにまとめるようにしましょう。

なお、動画は出だしが勝負となります。最初の10秒にできるだけインパクトのある動画を持ってくるように構成しましょう。

| 初級編 | CHAPTER 14 |

ギフト対応は「ラッピング」と「メッセージカード」で客単価アップ

"プチプレゼント"のマーケットも拡大傾向

　プレゼントの需要は増加傾向にあります。母の日、父の日、敬老の日、バレンタイン、クリスマス——。これらのギフト需要が伸びる販促イベントは、ネットショップも客単価を上げる絶好のチャンスと言えます。また、最近では、日ごろお世話になった人にちょっとしたギフト品を贈る"プチプレゼント"のマーケットも拡大傾向にあります。このような時代背景を考えると、ネットショップはギフト品の販売体制をしっかり整えておかなくてはいけません。

　オーソドックスなギフト販促の手法は、トップページや商品ページなどのバナーで、ラッピングやメッセージカードの対応をアピールすることです。また、お中元、お歳暮の時期には、のしの対応をしていることも強調しておいたほうがいいでしょう。

　ギフト品を贈る側にとったら、「どんなラッピングになるのか？」というのも気になるポイントです。ラッピングした写真を見せたり、実際に手に持った写真などを載せたりすると、イメージが膨らみやすくなります。特にギフト品に関しては、写真検索で探している人も多いので、ラッピングは多少価格が高いものでも、インパクトのある可愛らしいものを用意して、積極的に写真をページにアップすることをおすすめします。

先行予約販売やキャンペーンを仕掛けてお客さんを逃さない

　リピート客を抱えているネットショップであれば、ほかのお店にお客さんを奪われないようにするために、先行予約販売を仕掛けてみるのもいい

でしょう。

「〇月〇日まで予約をすると、送料無料」

というようなキャンペーンを展開して、優良顧客の囲い込みをするのも一手です。また、イベントの直前に駆け込みで商品を購入する人や、時期が過ぎてから商品を購入する人もいるので、

「まだ間に合います」
「遅れてごめんね」

などのキャッチコピーで、お客さんを惹きつけるのも面白いかもしれません。

「自分の商品はギフト品には向いていない」と言って、ギフト商戦に最初から参戦しないネットショップも多いです。しかし、ギフト品は何が売れるかわからない特殊なマーケットなので、チャレンジしないことは大きな機会損失になります。「ラッピングやメッセージカードを添えるだけで、思いのほかギフト品として売れた」という事例も多々あります。「私には関係ない」とそっぽを向かず、新たな売上の柱とするために、ぜひ挑戦してみてください。

ギフト対応でさらに売上を伸ばすための必須コンテンツ

☑ 複数の送り先対応
お中元やお歳暮で複数ヶ所にギフト品を贈る人は多い。ExcelやFAXで顧客リストを受け取っても対応できる旨を書いておくといい。

☑ ギフトをラッピングした写真
ラッピングされた商品を手に持った写真を掲載すると、大きさをイメージすることができる。いろいろなラッピングが選べるとなおよし。

☑ メッセージ対応
手書きのメッセージカードのほか、最近では写真付きや音声付きのメッセージカードもある。敬老の日に好評。

☑ スピード対応
急ぎでギフト品を贈りたい人も多い。特急料金を設定しても需要はある。土日祝日、大型連休のときに需要あり。

☑ サプライズ配送
地域密着ビジネスであれば、仮装してスタッフが直接商品を届けるのも面白い。クリスマスやハロウィンのイベントで人気。

| 初級編 | CHAPTER 15 |

ネットショップから実店舗にお客さんを呼び込んで、リピート率アップ

実店舗のほうが長期的な売上につながりやすい

　自社サイトにできて、楽天市場やAmazonにできないのが、「**実店舗にお客さんを誘導できる**」という点です。自社サイトは、店舗の電話番号や写真を積極的に掲載しても問題ないですし、実店舗限定の販促イベントをネットショップで公開してもまったく問題ありません。このようないろいろな販促手法でお客さんに商品を売れることは自社サイトの強みでもあるので、積極的に活用したほうがいいでしょう。

　実店舗で商品を売るメリットは多数あります。まず、お客さんとのコミュニケーションが非常に密になります。ネットショップのように、スクロールしてクリックしているだけの浅い関係性ではなく、「直接会って、声を聞いて、商品を見て、触わる」という購入プロセスは、ネット通販に比べて何倍も、お客さんの記憶の中に商品情報をインプットできるのです。また、実店舗に来店させるのは、ファンづくりの一環にもなりますし、競合他社との差別化戦略にもなります。

　このように、実店舗で商品を買ってもらうほうが、ネット通販で商品を購入するよりも、長期的な売上につながりやすいところがあるのです。

実店舗でも使える割引券やプレゼント引換券をネット通販の商品に同封する

　誘導方法としては、自社サイトで積極的に実店舗の存在をアピールすることです。店内外の写真はもちろん、お客さんに接客している様子の写真や、製造風景など、ビジュアル面で実店舗の存在をイメージさせることが

重要です。また、地図や電話番号も大きく載せて「実店舗にも来てください」と来店を促すキャッチコピーを挿入してあげると、お客さんも足を運びやすくなります。

ネット通販で購入した商品に、実店舗でも使える割引券やプレゼント引換券を同封するのも一手です。スタッフからの手書きのメッセージなどが添えられていると、さらに実店舗に親近感を持ってくれます。

写真を撮ってあげると拡散してもらえる可能性が高い

もし、ネットショップで商品を購入したお客さんが実店舗にやってきてくれた場合は、オーバーリアクションと思われるぐらいの大歓迎体制で迎え入れましょう。そして、その場でちょっとしたプチプレゼントを渡せば、お客さんはさらに熱烈なファンになってくれることまちがいなしです。

実店舗に来たお客さんの写真を撮ってあげることも効果的です。その写真をFacebookやブログにアップすれば、そもそもネットのリテラシーの高いお客さんなので、拡散される可能性が高いと言えます。その写真を見た別のお客さんも「私も実店舗に行ってみよう！」という気持ちになってくれるので、集客の相乗効果を生み出すことができます。

実店舗がなければ、会社に直接商品を買いに来ることを奨励したり、イベントや展示会に来てもらったりしてアピールしましょう。スタッフと直接会って商品を購入してくれることは、ネットショップで商品を購入してくれるよりもファン客にさせる絶好のチャンスです。積極的にお客さんをリアルの世界に誘導する施策を打ち出していきましょう。

ネットショップよりも実店舗のほうが圧倒的に"濃い"関係性が作れる

商品購入までのプロセス

実店舗

- お店の場所を調べる
- ↓
- わざわざスケジュールを空ける
- ↓
- お店まで自分の足で移動する

→ この間、ずっと「店」のことを考え続けるので記憶に刷り込まれる

- 店内を見る
- ↓
- 商品を実際に触わる
- ↓
- スタッフと話す

→ 店と商品が同時に記憶の中に刷り込まれる

- 購入
- ↓
- 自分で持ち帰る

→ 購入後も商品の"重さ"を意識しながら持ち帰るので、愛着が湧きやすい

ネットショップ

- 検索する
- ↓
- サイトを見つける

→ この段階で、もうすでに店への興味はなくなっている

- スクロールとクリックで商品を探す
- ↓
- クリックでカートに入れる
- ↓
- 購入

- 宅配便で商品が届く

→ もうすでに商品やお店への興味がなくなっている

ここがポイント！

実店舗の購入プロセスのほうが、ひとつひとつの体験が濃厚なため、ファン客になりやすいところがあります。そのため、接触頻度の浅いネットショップで買わせるよりも、お客さんに面倒な思いをさせて、苦労して商品を購入させることは、リピート客を生み出しやすい環境づくりの戦略になります。極論を言えば、ネットショップのお客さんに実店舗で使える1000円の割引券を無料で進呈しても、優良顧客の顧客獲得コストとして吸収できるところがあります。

| 初級編 | CHAPTER 16 |

チラシやカタログは、ネットショップへの重要な集客ツール

"わざわざ"ネットショップを閲覧してもらうための動機を作る

　販促チラシやカタログを見たお客さんがホームページを見に来てくれる確率は、決して高くはありません。「ネット→ネット」「紙媒体→紙媒体」はスムーズに誘導できるのですが、「ネット→紙媒体」「紙媒体→ネット」という媒体の性質を跨いで誘導しようとすると、一気にお客さんのストレスは大きくなってしまい、動きが鈍くなります。そのため、紙媒体からネットショップにお客さんを誘導する場合は、"トコトン気合いを入れて誘導する"という、徹底した販促戦略を取らなくてはいけません。

　お客さんを別媒体に誘導するためには、「ネットショップには、さらにお得な情報がある」としっかりと伝えることです。URLを載せるだけでは、ネットショップをわざわざ閲覧する理由がないので、ホームページを覗いてはくれません。しかし、その"わざわざ"の動機を作ることができれば、お客さんは重い腰をあげて、ネットショップを覗いてくれるようになります。たとえば、

「ネットショップで特別割引券配布中」
「ネットショップで約1000点の商品を展示販売中」

というように、特典やメリットを意識させるキャッチコピーをつけてネットショップに誘導してあげると、お客さんの別媒体への動きは良くなります。

SNSでの中途半端な情報発信は逆効果

"わざわざ"という面倒なアクションをクリアしたお客さんは、えてして優良顧客になりやすい傾向にあります。「紙媒体のお客さんは紙媒体に限定されている」とあきらめるのではなく、「すべての媒体からお客さんを誘導する」というオムニチャネル的な発想が、これからの自社サイト運営には必要です。

なお、最近では、SNSが普及していることもあり、TwitterやFacebook、LINEでの告知も行っている販促媒体をよく見かけます。しかし、そのほとんどが中途半端な内容で発信されており、SNSを閲覧すると逆に気持ちが冷めてしまうことが多々あります。告知するのであれば、それなりに面白くてためになる情報を発信しなければ、集客に逆効果を生み出しかねないところがあります。お客さんは"わざわざ"閲覧しているわけですから、その"わざわざ"の苦労に応えられるような情報をしっかりSNSで発信し続けなければいけません。

思わずホームページを覗きたくなる、
紙媒体で効果的なキャッチコピー5選

- ☑「公式サイトにて、実店舗で使える500円割引チケット配布中」
- ☑「ネットショップで商品1万点展示中」
- ☑「ネットショップにてお客様の使用事例を動画で公開中」
- ☑「こちらの限定カラーは当店ネットショップでしか販売しておりません」
- ☑「店長の長期レポートブログがホームページで公開中」

| 初級編 | CHAPTER 17 |

商品に同封する販促チラシは、工夫次第でまだまだ売上が伸びる

同封物によって訴求力を上げるのは非常に難しい

「商品と一緒に、お客さんを訴求する販促物を入れて、リピート購入につなげたい」

そのような相談を、ネットショップの運営者からよく受けます。しかし、同封物によって訴求力を上げるのは非常に難しいのが現実です。先述したように、「紙媒体→ネット」という移動は、お客さんにとって思いのほかストレスが大きいことから、想像していたよりもこの手の販促は反応が鈍いところがあるのです。また、通販の場合、商品を注文したときが最もテンションが高いため、商品が届く頃には気持ちが冷めていることも要因のひとつと言えます。同封された販促物を見てもテンションが上がらないので、訴求力の高い販促物を入れても心に響かないのです。しかし、それでもお客さんと接触するチャンスであることは変わりありませんので、訴求力を上げないことは大きな機会損失にもつながってしまいます。

パッケージから、同封するパンフレットまでの全体をプロデュースして愛着をもってもらう

届いた商品の梱包物に興味を持ってもらうためには、まず梱包しているパッケージに工夫を凝らすことです。味気ない段ボールで商品を届けるよりも、かわいらしいデザインの梱包資材で届けたほうが、お客さんの下がっていたテンションを再び盛り上げてくれます。また、お礼状や納品書に、かわいらしいデザインの用紙を採用してみるのも一手です。同封する

商品案内も、平凡なパンフレットを使うのではなく、紙質やデザインに特徴のあるものを同封することで、お客さんの記憶に強いインパクトを与えられます。

　梱包する割引券やクーポン券も、ひと工夫したほうがいいでしょう。これらの特典券は、少し厚みのある豪華な用紙に印刷すると、お客さんも「大事なものをもらった」という意識を高めてくれます。また、商品やお店のことを理解してもらうために、マンガやイラストを多用したパンフレットを挿入したり、オリジナルの粗品をプレゼントしたり、徹底したイメージ戦略で商品が届いたお客さんのハートを鷲づかみする販促に力を入れていきましょう。

　特典の内容でファンにするのではなく、パッケージから同封するパンフレットまで、全体をプロデュースして「良いものを買った」という印象を与えることが、お店や商品への愛着につながっていくのです。

商品購入から再購入までのお客さんの心理状況の変化と同封物の関係性

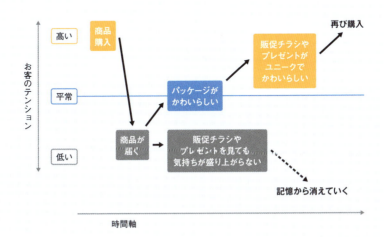

| 初級編 | CHAPTER 18 |

モチベーション維持のため、同業者の友達を作ろう

自社サイトよりも楽天市場のネットショップのほうがモチベーションを持続しやすい？

　自社サイトの売上が伸びない理由は、じつは精神的な問題が8割ぐらいを占めているのではないかと思っています。ネットショップのようなスモールビジネスは、運営者が1人で孤立しやすく、仕事内容がわかりづらいために、周囲の人の理解が得られにくいという側面があります。また、仕事をやるかやらないかも自分自身で判断できてしまう環境から、いつでも作業をサボれるのも難点と言えます。だれかに監視されているわけでもないので、モチベーションを持続するのが非常に難しいのです。

　その点、楽天市場のネットショップは、勉強会やセミナーが定期的に開催されているので、比較的仕事のモチベーションが維持しやすい環境にあります。また、各店舗には担当のコンサルタントがついているので、定期的な電話や訪問によるコミュニケーションによって、孤立感を味わう機会が少ないという利点もあります。そういう意味では、楽天市場のネットショップのほうが、自社サイトよりも仕事を持続しやすい環境が整っていると言えます。

「友達」だけでなく「ライバル」を作るのも大事

　自社サイトの運営は、お金をかけない集客戦略がほとんどになるので、本当に地味な作業の繰り返しになります。派手で面白い仕事は、残念ながら自社サイトの運営にはありません。そのような辛い環境で仕事を続けるためには、やはり苦楽を共にする"仲間"を作る必要があります。

自社サイトの運営者と知り合いになるためには、セミナーや勉強会に出席することをおすすめします。自社サイトのカートサービスを提供している会社では、定期的に勉強会やセミナーを開催しているところもあります。集まりの後には懇親会が開かれるケースもあり、ベテランのネットショップ運営者と話をすると、新たな情報や販促方法を教えてくれることが多々あります。

　また、このような出会いの場では、辛さや苦しみを分かちあえる友達を作ることも大切ですが、「あのネットショップには負けられない」という闘争心を燃えさせてくれる知り合いを作ることも重要です。そのようなライバルのネットショップを作って刺激をもらうことも、内向的になりやすい自社サイト運営には必要なのです。

自社サイト運営者と知り合う方法

- ☑ 自社サイトのカートサービスを提供している会社の勉強会やセミナーに参加する。その後の懇親会に参加して、情報交換をする。
- ☑ 売上が好調なネットショップの運営者のFacebookやTwitterをフォローする。勉強会やセミナーがあると告知するので、そのイベントに参加する。
- ☑ 商工会議所や商工会が主催するネットショップの勉強会に参加する。
- ☑ ネットショップ運営の経営コンサルタントのブログやメールマガジンをチェックする。書籍などを購入して、考え方が近かったり、ノウハウがありそうだったりする経営コンサルタントを要チェック。

| 初級編 | **CHAPTER 19** |

これからは男性客よりも女性客を意識したほうが売れる

男性ではどうしても越えられない性別の"壁"がある

　昨今、共働きの世帯が増えており、女性の購入決定権が増しています。また、男性の消費の好みが女性化しつつあります。そのような事情から、男性向けの商品でも、女性を意識してデザインしたほうが、お客さんのウケがいいネットショップになるという消費の傾向があります。

　女性客を意識したネットショップを作りたければ、思い切ってデザイナーやサイトのプロデューサーを女性に切り替えてみるのも一手です。男性がプロデュースしたサイトでは、どうしても越えられない性別の"壁"のようなものがあります。たとえば、使用する書体や写真など、作り手側からは一見してわからないものでも、お客さんから見れば「男っぽい」「女っぽい」というのが感覚的に伝わってしまうところが多々あります。そのため、男性スタッフに無理をして女性ウケするサイトを作ってもらうよりも、女性スタッフに女性ウケするサイトを作ってもらったほうが、手っ取り早く女性客を意識したサイトを作れる利点があります。

女性的とは「かわいらしい」ではなく「丁寧」ということ

　"女性的なデザイン"のことを「丸っこくてかわいらしい」ものだと思っている人が多いですが、決してそういう意味ではないことも頭の中に入れておいてください。バナーの上下左右の位置がしっかりそろっていたり、文字の書体や大きさが統一されていたり、デザイン的に"キレイ"なサイトが、女性客には受け入れられます。つまり、「かわいらしいものを作る」よりも「丁寧なものを作る」ということを意識してデザインしたもののほう

が、女性客に受け入れられやすいところがあります。

　商品写真やイラストに関しても、女性をモデルにしたほうが親しみやすさにつながります。店長やスタッフも、女性が全面に出ていたほうがいいでしょう。

　このように"女性"を意識することで、お客さんの情報の受け止め方が大きく変わってくるところがあります。その点をうまくプロデュースしながら、売れるネットショップを構築していってもらえればと思います。

サイトづくりの時に"そろえる"を意識するだけで、
女性好みのデザインになる

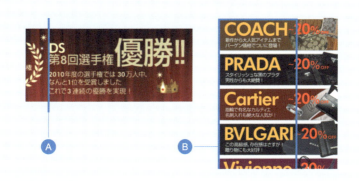

Ⓐ 文字が左側でキッチリそろっていると、文字も読みやすくなり、デザインに安定感が生まれる。

Ⓑ 書体、文字の大きさがすべて統一されている。また、余白のスペースもしっかり統一されているので、文字嫌いの女性でも、ストレスなく読むことができる。

【情報提供】ホームページ制作会社　ウェブシード
http://www.web-seed.com/

| 初級編 | CHAPTER 20 |

売上を伸ばしたければ、楽天市場のコピーは今すぐやめよう

楽天市場と自社サイトとではお客さんの質が違う

　楽天市場と似たようなデザインの自社サイトを作ってしまう人は非常に多いです。おそらく、「楽天市場のサイトが売れているから、同じデザインにしたら自社サイトも売れるのではないか」と思っているのでしょう。

　しかし、残念ながら、楽天市場のコピーサイトでは、自社サイトの売上を伸ばすのは難しいところがあります。もちろん、楽天市場で広告費を使って、商品や店舗名の知名度が上がれば、それに比例して自社サイトも売れ始めるケースは多々あります。しかし、そのパターンで売れても、せいぜい楽天市場の10分の1程度の売上が関の山といったところでしょう。

　では、なぜ、楽天市場のコピーサイトは自社サイトでは売れないのでしょうか？

　それは、買い物に来るお客さんの質が違うからです。楽天市場の場合、サイトに買い物に来る人は「買う」ことが前提で訪れます。つまり、ネットショップが適当に作り込まれていても、購買意欲が高いので、商品力で買わせることができるのです。

　対して、自社サイトはグーグルやヤフーの検索経由で集客するので、「買う」という意識がやや欠如したお客さんが多いところがあります。それよりも「調べる」「知りたい」という意識が強いお客さんなので、情報のコンテンツの作り込みが楽天市場よりも重要なところがあります。

自社サイトでは検索エンジン対策をしなければ集客できない

　また、自社サイトは、グーグルの検索エンジン対策をしなければ集客す

ることができないので、サイト内の構成も検索エンジンを重視したものにしなければいけません。それなのに、検索エンジンを意識していない楽天市場のサイトと同じものを作ってしまうために、結果、集客力のないサイトになってしまい、売上を作ることができなくなってしまうのです。

　このように、楽天市場と同じような自社サイトを制作しても、売上を伸ばすことはできません。電話番号を大きく載せたり、コンテンツを増やして検索エンジン対策を強化したりしながら、自社サイトならではのネットショップを構築する必要があります。

　楽天市場を本気で運営している人に、片手間で楽天市場を運営している人が勝てないのと同じで、本気で自社サイトを運営している人に、片手間で自社サイトを運営している人が勝つことは難しいのです。自社サイトの売上を伸ばしたければ、楽天市場のネットショップの物まねではなく、独自の自社サイトの売り方を構築して、本気で勝ちにいく仕組みを作らなくてはいけません。

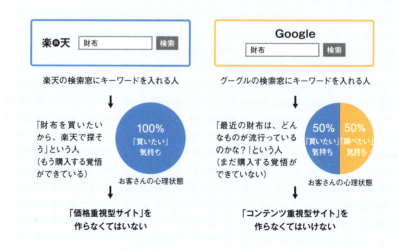

楽天市場と自社サイトでは、お客さんの質が違う

| 初級編 | CHAPTER 21 |

「検索キーワード」を意識するだけで、自社サイトの売上はガラリと変わる

検索キーワードは、購入に直接結びつくものでなければ意味がない

　自社サイトにお客さんを集客するためには、グーグルやヤフーの検索エンジンから集客しなくてはいけません。そして、"検索エンジンから集客する"ということは、検索窓に何かしらのキーワードを打ち込んでもらわなければいけません。そのため、"検索キーワード"によって、ネットで売りやすい商品、売りにくい商品が分かれていきます。

　たとえば、スイーツは、自社サイトでは売りづらい商品のひとつとなります。なぜならば、検索キーワードが明確ではないからです。

「"ケーキ"とか"クッキー"という検索キーワードがあるじゃないか」

　そう思われる方もいるかもしれませんが、ネットで「ケーキ」「クッキー」と検索する人は、**ケーキやクッキーを購入したい人ではなく、ケーキやクッキーのレシピを調べたい人**がほとんどです。つまり、検索キーワードは存在しているものの、直接購入に結びつく検索キーワードではないので、ネットで売ること自体が難しくなってしまうのです。

　このように、ネットショップを運営する際は、自分のサイトがどのような検索キーワードで調べられて、売れているのか、しっかりと把握する必要があります。よく調べられている検索キーワードだったとしても、競合が多かったりすれば、検索結果で上位表示を狙うことはなかなか難しくなります。また、ライバルがいない検索キーワードを見つけたとしても、ネットで調べられている需要がないために、検索で上位表示されても売上につながらないケースも多々あります。

売れる検索キーワードを1個見つけるために、2ヶ月ぐらいの期間をかけてじっくり探す人も

　しかし、この検索キーワードさえ見つけることができれば、ネットショップ運営の戦略は8割ぐらいは完成したと言っても過言ではありません。たとえば、先述したスイーツの場合、スイーツの名前で検索されることが難しければ、店舗名を有名にして、店舗名で検索されるようにすれば、お客さんを集客することが可能になります。そうなるためには、実店舗の宣伝に力を入れたほうが効率がいいですし、情報の拡散を狙ってSNSの戦略に力を入れたほうが得策と言えます。

　一説によると、トップクラスのネットショップの運営者は、売れる検索キーワードを1個見つけるために、2ヶ月ぐらいの期間をかけてじっくり探すと聞きます。それだけ、検索キーワードの選別は、ネットショップ運営の"核"となるものなのです。

 ここがポイント！

検索キーワード探しも競争が激しくなっています。1単語の検索キーワードで上位表示を狙うのは難しく、やはり2単語以上の複合キーワードで上位表示を狙うほうが主流になっています。
上記のほかに、楽天市場の検索窓にキーワードを入力した際に表示される「候補キーワード（サジェスト）」から複合キーワードを探したりするのも一手です。ただし、これらはあくまで検索キーワードを探す"目安"でしかありません。ここからいかに自分の力で掘り出し物の"穴場キーワード"を見つけられるかが勝負どころと言えます。

売れる検索キーワードの見つけ方

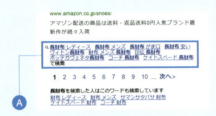

A ヤフーやグーグルの検索結果に出てくる複合キーワードをチェックする。事例は「長財布」と検索した際に出てくる複合キーワード。検索キーワードから考察すると、やはりブランド名で検索している顧客が多いことがわかる。マニアックな長財布のブランドさえ見つかれば、商機があるかもしれない。

B 「グッドキーワード」（http://goodkeyword.net/）のサイトで複合キーワードを調べることも可能。

| 初級編 | CHAPTER 22 |

検索エンジンの"役割"がわかれば、SEOでかんたんに1位が取れる

競合他社に負けないように
サイトの情報量を増やしていくのが最も効果的

　SEO（検索エンジン対策）と聞いて、「うわっ、難しい！」と思って尻込みしてしまう人は多いと思います。しかし、検索エンジンの「役割」を冷静に分析してみると、じつはそんなに難しいノウハウではないことがわかります。

　グーグルの検索エンジンの「役割」は、閲覧者が調べようとしている検索キーワードに対して、的確な情報を上から順序よく表示させることです。たとえば「折りたたみ自転車」と検索した場合、グーグルは「折りたたみ自転車」について、一番くわしくて、ためになるホームページを上位表示させることが"役割"となります。つまり、折りたたみ自転車について、一番役に立つホームページを作り込むことができれば、検索で上位表示されるようになるのです。

　役に立つためには、情報量が多いことが重要です。折りたたみ自転車の歴史や、折りたたみ自転車の性能の話など、折りたたみ自転車の情報が盛りだくさんのサイトを作ることができれば、「折りたたみ自転車」と検索した際に検索結果で上位表示されやすくなるのです。その情報量やくわしさが多い順に検索結果が並んでいくことを考えれば、競合他社に負けないようにサイトの情報量を増やしていくことが、最も効果的なSEOになるのです。

商品名に「機能」や「性能」を表したキーワードと組み合わせて上位表示を狙っていく

しかし、最近では、楽天市場やAmazonがSEOを強化していることもあり、商品名単体では上位表示させることがなかなか難しくなってきています。その場合、無理をして楽天市場やAmazonに対抗するのではなく、上位表示を狙う検索キーワードをずらしてあげるほうが得策と言えます。たとえば、「掃除機」で上位表示を狙うのであれば、楽天市場やAmazonに上位が取られてしまうので、

「かわいいデザイン　掃除機」
「音が静か　掃除機」

というように、機能や性能を表したキーワードと組み合わせて上位表示を狙っていくことを考えたほうがいいでしょう。

また、SEOは「やってみないとわからない」「検索で上位表示されても売れるかどうかわからない」というところがあります。そのような事態も考慮して、1つの検索キーワードだけではなく、複数の検索キーワードで上位表示を狙うことをおすすめします。

さらに、無料ブログ作成ソフト「WordPress（ワードプレス）」でサイトを制作したほうが、情報量の更新やカテゴリー分けがしやすいところもありますので、その機能を活用してSEOを施してみるのも一手です。

ただし、SEOはこだわり続けるとキリがないノウハウでもあります。「自分ではSEOは無理だな」と思ったら、早目に見切ることも視野に入れたほうがいいでしょう。SEOよりも、店舗や商品の知名度を上げたり、SNSでお客さんを集客したりするほうが、質の良いお客さんを集められたりします。SEOとは別の集客方法を模索することも並行して考えていくのも大切です。

商品名、店舗名を検索キーワードにするための5つの施策

☑ プレスリリースを仕掛けて、マスメディアに取り上げられる
テレビや新聞に記事やニュースで取り上げてもらって検索してもらう。

☑ SNSで情報の拡散を狙う
FacebookやTwitterでユニークな情報を発信して、検索する人を増やす。

☑ ファンづくりのイベントを開催して、アナログの世界で情報を拡散させる
実店舗でイベントを開催して、参加者が「あのイベント面白かったよ」と口頭で友達に伝えることで、第三者に検索してもらう。

☑ ダイレクトメールや販促チラシから、お客さんに検索してもらう
紙媒体でネット向けのセール企画を告知して、ホームページやネットショップを検索してもらう。

☑ ユニークな商品名をつけて注目を集めて、お客さんに検索してもらう
変わった商品名をつけると、店頭で見たときに気になり、検索してもらえる。

初級編 月商0円から最速で月商50万円を狙うための即効ノウハウ

| 初級編 | CHAPTER 23 |

ストレスのないスマホサイトを作れば売れる

スマホからネットショップへ流入するお客さんは、今や50％を超えると言われています。すでにパソコンからの閲覧者数を超えており、これからのネットショップ運営はスマホからの閲覧者のほうを強く意識してサイトを構築していかなくてはいけません。

しかし、現状、自社サイトのネットショップに限っては、スマホサイトの改善に力を入れたからといって、極端に売上が伸びるわけではありません。自社サイトの場合、サイトの構成や作り込みよりも、商品力や商品の知名度によって売れているので、「スマホサイトがとってもいい」という理由だけでは、お客さんはガツガツと買ってはくれないのです。

もちろん、スマホサイト専用に作り込んだほうが、スマホ閲覧者にとったらページが見やすくて、買いやすくなるメリットはあります。しかし、そのようなスマホサイトにカスタマイズするためには、それ相当の時間と手間がかかりますし、そのような改善策に力を入れるのであれば、SEOやサイト内のコンテンツづくりに力を入れたほうが、売上には直結しやすいところがあります。

ここでは、初心者向けのノウハウということもありますので、スマホサイトの改善で最低限やっておかなくてはいけない施策を3つだけ紹介させていただきます。

①電話番号をクリックしたら、すぐに電話をかけられるようにしておく

携帯電話機能がついているスマホからのアクセスですから、電話をかけさせる行為に直結させなければ、機会損失につながってしまいます。掲載

している電話番号の下に

「クリックすれば、自動的に電話がかかります」
「メールでの問い合わせよりも、電話の注文や問い合わせのほうが早いです」

というようなキャッチコピーを入れておくことも、スマホ向けの売上アップ対策のひとつと言えます。

②問い合わせの入力フォームを大きくする

入力フォームが小さいと、問い合わせすることすら面倒になってしまうので、大きな機会損失につながります。小さなボタンで入力することは、利用者にとって大きな負担になるので、入力項目を減らしたり、入力フォームを大きくしたりすることで、お客さんとの接触機会を増やすようにしましょう。

③バナーやボタン表示を大きくする

スマホは片手で操作していることが多く、指の可動域はそんなに大きくありません。そのため、バナーやボタン表示が小さくなってしまうと、打ちまちがいが発生したり、操作することを面倒に感じさせてしまったりするので、その時点でお客さんの買い物へのモチベーションを下げてしまいます。パソコンで閲覧した際に、多少不細工なページになったとしても、ボタンやバナーを大きく表示することを心がけたほうがいいです。

このように、スマホ利用者が増えることを考慮して、サイトが出来上がった際は必ずスマホでページのチェックをすることをおすすめします。むしろ、パソコンで見ているサイトのほうが"オマケ"ぐらいで考えたほうが、これからのネットショップ運営ではいいかもしれません。

複合キーワードでSEOをしたほうが、スマホサイトは強い

スマホは検索した際に、候補キーワードがすぐに表示されるので、PCよりも複合キーワードを見つけてサイトに流入するケースが多い。キーワード単体で検索結果の上位表示を狙うよりも、複合キーワードで上位表示を狙ったサイトのほうが、スマホの客を獲得しやすいと言える。

| 初級編 | CHAPTER 24 |

友達や親族に商品を買ってもらうのは覚悟の表れ

身近な人のほうがファンになってもらいやすく、厳しいことも言ってもらいやすい

　自社サイトでのネットショップ運営では、「売れない」という辛い思いをすることが多々あります。楽天市場やAmazonは集客力があるので、ほっといてもそこそこ売れる環境にありますが、自社サイトは本当にがんばらなければすぐに「売れない」という状況に追い込まれてしまいます。

　どうしても売れなければ、まずは知人や親類に、頭を下げて買ってもらうことから始めましょう。とても恥ずかしくて、頼みづらいことではありますが、身内の人に買ってもらうことは、さまざまなプラスの相乗効果を生み出します。

　まず、とても身近な人に商品を売るので、知らない人に商品を売るよりもファンになってもらいやすい利点があります。また、無条件で自分の味方でもあるので、口コミでいろいろなお客さんに広めてくれます。さらに、一般のお客さんと違って、遠慮のない関係性なので、ネットショップの運営に厳しい意見を言ってくれる人もいます。

　このように、知人や親類に頭を下げて商品を買ってもらうことは、「売れる」ことが確約できることに加えて、売上アップへのきっかけにもつながるのです。そして、身内に買ってもらいながらでも売上が付き始めると、商品を売ることに対しての自信にもつながり、ネットショップ運営へのモチベーションアップにもなっていくのです。

友達や親類すらファンにできない商品を、他人がファンになるわけがない

　反対に、知人や親類に頭を下げても商品を買ってもらえないような状況になってしまうと、それは大きな問題と言えます。身内に商品を買ってもらえないということは、なおさら見ず知らずの他人が買うはずがありません。そもそも、友達や親類すらファンにできない商品を、他人がファンになるわけがありません。自分の経営者としての力量と商品力を測る意味でも、まずは身内に商品を売ってみることをおすすめします。

　知人や親類に商品を売っていくことは、「手っ取り早く売上を作る」という一面もありますが、それ以上に、「どんな手段を使ってでも、売上を作りにいく」という経営者としての貪欲さの表れでもあります。「身内に商品を買ってもらうなんて恥ずかしい」と言っている段階で、ネットショップを運営するために「何でもやってやる！」という覚悟が決まっていないというところもあります。その覚悟を決めるうえでも、自社サイトをオープンした直後は、知人や親類に商品を買ってもらう販促を行ってください。そうすることで、「身内に商品を買ってもらう状況から、早く脱しなくてはいけない」という危機感が生まれて、よりネットショップ運営に精進するようになっていくのです。

売れない理由をひとつひとつ解決していく

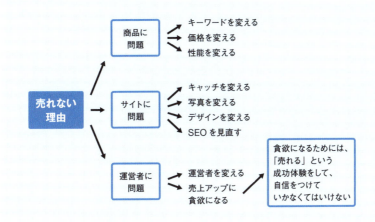

中級編

月商50万円から
月商100万円に達するために
欠かせない販促テクニック

自社サイトの場合、"月商50万円以上"というのが大きな境目になります。この売上をクリアすると、一気に売上が加速して、ネットショップ運営のステージが変わっていきます。

この中級編でおもに扱うのは、即効性ばかりを狙った初級編と違い、地道なテクニック重視の販促ノウハウです。足腰の強いネットショップになるための"土台づくり"の作業を中心に行っていきましょう。

| 中級編 | CHAPTER 01 |

ブログやFacebookを書き続ければ、必ず売上はついてくる

「続ける」努力とは、コンテンツを作り続けるということ

　売れているネットショップと売れていないネットショップの違いは、じつは「継続」の差しかありません。同じ人間がやることなので、能力の違いはほとんどなく、使っているツールも差がないことを考えれば、「売れる」「売れない」の違いは「続ける」「続けない」の差ぐらいしかないのです。

　ネットショップの「続ける」という努力は、コンテンツづくりのことを意味します。ブログを書き続けたり、Facebookを更新し続けたり。そのようなコンテンツづくりの積み重ねが、ネットショップのページボリュームを上げて、検索にひっかかったり、興味を持ってもらったりするきっかけになるのです。反面、この「続ける」という行為ができなくなってしまうと、ネットショップのコンテンツが増えませんので、ネット上での付加価値が上がらないまま「売れないお店」になってしまいます。

　ネットショップ運営者の多くは、売れないと「何かやり方がまちがっているのではないか」「もっと売れる方法があるんじゃないか」と目先の問題ばかりに目を向けてしまいます。また、売上が欲しいあまりに、即効性の高い販促ばかりに意識が向いてしまい、結果が出るのに時間がかかる販促を敬遠する傾向にあります。しかし、そのような即効性の高い販促手法は、だれもがかんたんにできてしまうものなので、非常に参入障壁が低くなってしまいます。つまり、**継続して積み重ねて効果が出る売り方のほうが、真似されにくくなり、競合との差をつけるビジネスチャンスにつながるのです。**

> ## 自分で締切を決めて、継続する仕事を周りに宣言することで、退路を断つ

　ブログやFacebookなどのコンテンツづくりを続けるためには、まずは自分で決めた締切を必ず守ることです。たとえば、1日1回ブログを更新すると決めた場合は、どんなに忙しくても、そのルールを守らなくてはいけません。少しでも気が緩んで「明日書けばいいや」と思ってしまうと、ズルズルとやらなくなってしまいます。

　また、自分が継続しなくてはいけない仕事は、できる限り周囲に宣言したほうがいいでしょう。

「私はFacebookを3日に1回更新します！」
「メルマガを週に1回必ず出します！」

と周りの友達や仕事仲間に宣言することによって退路を断つことも、継続する環境づくりになります。

　コンテンツづくりを継続するにあたり、頭を悩ますのが"ネタづくり"です。「ネタがなくて、ブログやFacebookが書けなくなった」という相談は、思いのほか多くの人から聞きます。その場合は、自分の商材の関連検索キーワードを調べたり、質問サイトを調べたりすると、ネタづくりのヒントが見つかるケースがよくあります。自分の商材の話を周囲の人にすると、思わぬ話やエピソードが聞けたりするので、積極的に話を振ってみることも習慣づけたほうがいいでしょう。

　このように、意識して工夫をすれば、コンテンツづくりを継続することはそんなに難しくありません。たしかに継続することは大変なことかもしれませんが、裏を返せば、継続することさえできればネットショップは必ず売上を作れるということです。「続ける」ということを意識して、ネットショップ運営に取り組んでください。

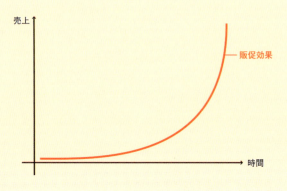

ここがポイント！

自社サイトは集客力が弱いために、どうしてもお客さんが集まるまでに時間と手間がかかってしまいます。そのため、努力した割には結果が出るのが遅く、忍耐力が必要となります。しかし、手間と時間をかけたお客さんは積み重なりやすく、一度集客の方法が固定化されれば、一気にお客さんを増やして売上を急激に伸ばすことができます。「諦めずにコツコツ続けられるかどうか」が、自社サイトの成功のカギを握っていると言ってもいいでしょう。

| 中級編 | CHAPTER 02 |

読まれにくい自社サイトのメルマガを、読まれるメルマガに変える方法

　ひと昔前までは、メルマガはネットショップに必須の販促ツールでした。ネットを通じて、無料で情報を届けて商品を購入させる仕組みは、ダイレクトメールを郵送する一般的な通販と比較して、明らかに低コストでリピート客を作ることができました。しかし、最近では、このメルマガの販促効果が以前よりも振るわなくなってきました。衰退した理由は、メルマガを乱発し過ぎたことによって、媒体として飽きられてしまったからです。また、メルマガから情報を得なくても、検索やSNSを通じてお客さんが自ら都合のいい情報を得られるようになったことも、メルマガが不要になった大きな要因と言えます。

　そのような時代背景から、最近はメルマガを出さなくなったネットショップが増加傾向にあります。

自社サイトはメルマガと非常に相性がいい

　しかし、多くの人がやらなくなったからこそ、今、メルマガに大きなビジネスチャンスがあると言えます。

　その理由のひとつとして、自社サイトはメルマガと非常に相性がいいという点が挙げられます。自社サイトで商品を購入するということは、その商材がとても気に入られている可能性が高いと言えます。つまり、お客さんのほうが「もっとその商品の情報を知りたい」という状況に置かれているのです。従来のセール情報だけのメルマガは敬遠されてしまいますが、商品を使うための役に立つ情報や、お店の人しか知らないようなコアな情報であれば、メルマガを通じてでも、定期的に情報が欲しいと言う人は多く存在しているはずです。

また、スマホを通じて、メルマガの読者が増えていることもチャンスと言えます。従来のようにパソコンに届くメルマガであれば、迷惑フィルターにかかってしまったり、フリーアドレスで登録してそのまま読まれなくなってしまったりするケースが多々ありました。しかし、本気でその商品の情報が読みたい人は、四六時中読むことができる、スマホに届く正式なメールアドレスを登録するので、お客さんにメルマガが届く確率が以前よりも高くなっているところがあります。また、スマホにインストールされたメールソフトがプッシュ通知で知らせてくれるので、何気なく届くパソコン向けのメルマガよりも読まれやすくなっているところもあります。

このように、メルマガを取り囲む環境が以前よりも改善していることもあり、自社サイトは積極的にメルマガを活用していったほうがいいでしょう。

これからのメルマガは「ファンづくり」のための販促ツール

ただし、最近の読まれるメルマガの傾向を見ると、セール情報や商品情報が中心ではなく、コンテンツによる訴求のほうが強まっているようです。読み手側に対して、「この情報は読み続ける価値がある」と判断されるようなメルマガを書かなければ、すぐに配信を解除されて、読まれなくなってしまいます。そのような事情を考えれば、これからのメルマガは、商品を販売するための販促ツールではなく、顧客を囲い込む「ファンづくり」のための販促ツールだと解釈したほうがいいかもしれません。

従来のメルマガと新しいメルマガの違い

	従来のメルマガ	新しいメルマガ
登録方法	プレゼントに応募させる	自ら登録する
配信回数	毎日配信	週1～2回配信
内容	セール情報	役に立つ情報
表示方法	テキスト or HTML	フレキシブル対応

中級編　月商50万円から月商100万円に達するために欠かせない販促テクニック

| 中級編 | CHAPTER 03 |

メルマガを読んでもらうための、質の良いアドレスの集め方

Facebookを活用してメールアドレスを集めるのも一手

　メルマガで売上を上げるためには、内容や件名の改善も効果的ですが、それ以上に、質の良いアドレスを集めることのほうが重要です。楽天市場のように知らない間にメルマガが登録されていたり、懸賞企画でメルマガの読者を集めたりしても、結局は「読みたい」という意識が薄いお客さんなので、すぐにゴミ箱に放り込まれてしまいます。しかし、「読みたい」という意識の下で、わざわざアドレスを入力したお客さんは、その情報と商材に興味があるので、読み続ける確率は高くなります。

　SNSの普及で、メールアドレスを持っている人が減少しているとも言われています。しかし、Facebookはメールアドレスと紐づけられているので、Facebookからメルマガ読者を集めるのも一手です。Facebook広告でメルマガ読者募集のキャンペーンを展開すれば、質の良いアドレスが多く集められるので、新たなメールアドレスの獲得方法として活用してみるのもいいでしょう。

　メルマガを登録させる方法は、ホームページでメルマガの登録フォームを目立たせることです。また、メルマガのバックナンバーを掲載したり、メルマガを読むことによってお得な情報が得られることをアピールしたりして、お客さんにメルマガの付加価値を伝えることも大切です。登録の際、メールアドレスの打ちまちがいも多いので、入力フォームのところに「メールアドレスの打ちまちがいはありませんか？」という注意書きを入れておくことも重要です。また、携帯キャリアのアドレス（softbank、ezweb、docomo）でメルマガを登録すると迷惑メールフィルターに引っかかりやすくなるので、

「PCメールでのメルマガ登録をおすすめします」

という1文を入力フォームの近くに掲載しておくのも一手です。

「役に立つ情報」「知って得する情報」を定期的に配信する

　ただし、せっかく集めた質の良いメルマガの読者も、配信するメルマガの内容によっては、読者であるのを止めてしまう可能性があります。特に、セール情報だけのメルマガだったり、内容の浅いメルマガだったりすると、すぐにメルマガ購読を解除してしまいます。そうならないためにも、「役に立つ情報」「知って得する情報」を積極的に配信して、お客さんを飽きさせないコンテンツづくりを心がけましょう。

　配信回数に関しては、週に1〜2回が理想と言えます。それ以上少ないとメルマガを登録したことを忘れてしまいますし、それ以上多いと迷惑メールになってしまいます。また、配信日は決められた曜日と決められた時間にしましょう。決められたサイクルで配信しなければ、お客さんも読むことが習慣化されないので、マメにメルマガを読むことを止めてしまいます。思いついたときに書いたり、暇な時に書いたりするメルマガが、読者の心象を一番悪くするので、そのような不定期配信は止めるようにしましょう。

　楽天市場がメルマガの配信規制をかけたことによって、逆にメルマガがレアな存在になり、読まれやすくなっているという背景もあります。しかし、SNSも並行して運営していくとなると、メルマガやブログとどうやって付き合っていくか、そのバランスの取り方が難しいところではあります。自分の商材の性質と、スタッフの数と能力をうまく見極めながら、情報発信していく最適なツールを見つけ出していかなくてはいけません。

サイトへの訪問者にメルマガを登録させる方法

サイドバナー　　　　　　センターバナー

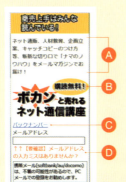
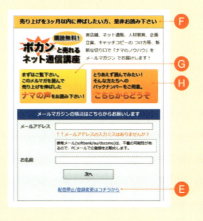

- Ⓐ メルマガの内容をかんたんに明記。内容をイメージさせる
- Ⓑ 「購読無料」と明記する
- Ⓒ バックナンバーのリンクを貼る
- Ⓓ メールアドレスの入力ミス防止のために注意書きを入れる
- Ⓔ メルマガの配信、登録変更の案内リンクを入れる
- Ⓕ メルマガのメリットをひと言で表現するキャッチコピーを入れる
- Ⓖ メルマガを読んでいる「お客様の声」を載せてイメージを湧かせる
- Ⓗ バックナンバーを読んでもらうことで、メルマガ購読の抵抗感を排除

【参考】「竹内謙礼のボカンと売れるネット通信講座」
https://e-iroha.com/index.html

| 中級編 | CHAPTER 04 |

他社に絶対に負けない プロのコンテンツづくりのコツ

コンテンツの充実は サイトの顧客満足度と信頼度のアップにもつながる

　ネットショップの「コンテンツ」とは、サイトの中にある記事のことを意味します。たとえば、キッチン用品を販売するネットショップであれば、商品を販売するページだけではなく、キッチン用品の歴史や、キッチン用品の使い方など、キッチン用品についてくわしく述べているページを作り込むことが、"コンテンツを充実させる"ということになります。

　商品の販売とは関係のないコンテンツではありますが、サイト内の記事が増えると、検索エンジンのグーグル側が「価値のあるサイトだ」と判断してくれて、検索結果で上位に表示してくれるようになります。「コンテンツSEO」という言葉があるぐらい、今のSEOはコンテンツ重視型になっているので、ネットショップの運営にコンテンツの充実は欠かせない販促手法になっているところがあります。また、自社サイトの場合、情報を収集してホームページにたどり着く人も多いので、コンテンツの充実はサイトの顧客満足度と集客力のアップにもつながる施策になります。

　このような事情から、自社サイトの運営には、より充実したコンテンツづくりのテクニックが必要になります。執筆する記事のネタに関しては、複合キーワードから考察したり、Yahoo!知恵袋などのQ&Aサイトから探したりすると、お客さんの求めている情報と近い記事が書けるようになります。

「商品を売るのではなく、情報を売る」ぐらいのつもりでコンテンツを作る

　記事の内容に関しては、できるだけオリジナルのものを書くことを推奨します。ネットの記事を参考にして書いてしまうと、ありきたりなコンテンツになってしまい、お客さんを満足させることができなくなります。また、コピペに近い記事をアップしてしまうと、グーグル側が「コピーした記事だ」と質の悪いコンテンツと判断してしまい、検索結果を下げてしまう可能性もあります。そのようなSEOの背景も考慮して、コンテンツはできるだけオリジナルのものを作ることを心がけなくてはいけません。

　オリジナルのコンテンツを作るのであれば、情報を持っている人に直接取材をすることが理想と言えます。「自分しか知らない情報」「みんなが知りたいと思っている情報」を独自で取材して、その記事を書くことが、コンテンツをオリジナル化する方法になります。

　もし、そのような時間がなければ、本や雑誌から情報を集めて、それをわかりやすい記事にしてまとめてみるのも一手です。そのような手間をかけた記事は、新たな検索キーワードを生み出しやすく、SEO的にも有利になりやすいと言えます。また、読んでいるほうも、そのような役に立つコンテンツを読んで、サイトの信頼性を高めてくれるので、顧客のファン化にもなります。

　ほかにも、写真や動画などを積極的に活用して、わかりやすいコンテンツを作ることも重要です。「こんな有益な情報、タダで読めてしまっていいの？」とお客さんに思われるような記事が、理想のコンテンツになります。そのためには、プロのライターになったつもりで記事を書かなければ、お客さんを満足させるコンテンツを作ることはできません。極論を言えば、「商品を売るのではなく、情報を売る」ぐらいのつもりでコンテンツを作ることが、これからの自社サイト運営には求められるのです。

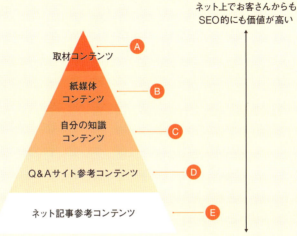

コンテンツづくりの価値ランク

ネット上でお客さんからも
SEO的にも価値が高い

- A 取材コンテンツ
- B 紙媒体コンテンツ
- C 自分の知識コンテンツ
- D Q&Aサイト参考コンテンツ
- E ネット記事参考コンテンツ

ネット上でお客さんからも
SEO的にも価値が低

A　情報を持っている人や知識を持っている人に直接会って取材をして、独自の情報を得て記事にしたコンテンツ。オリジナル性があり、SEO的にも価値が高い。

B　新聞や雑誌、本などを参考にして書いたコンテンツ。ネット上で氾濫している記事ではないので、オリジナル性が高い。また、コンパクトにまとめられているので、要点をつかみやすい。

C　自分の頭の中にある知識や経験で書くコンテンツ。オリジナル性はあるが、ハイレベルな知識がなければ、記事そのものが浅はかなものになってしまうので注意。

D　Yahoo!知恵袋などのQ&Aサイトから情報を収集して、1つの記事にまとめる。ただし、正確性に欠けることと、ネット上での記事のオリジナル性が弱くなってしまうので、コンテンツの価値としては低くなってしまう。

E　ネット上にあるニュースや記事を参考にして執筆した記事コンテンツ。まとめやすい反面、出回っている情報のため、コンテンツとしての価値が低くなってしまう。類似記事にもなりやすく、SEOとしても効果は弱い。

中級編　月商50万円から月商100万円に達するために欠かせない販促テクニック

| 中級編 | CHAPTER 05 |

自社商品の自慢話よりも、他社より優れている話をしたほうが商品は売れる

お客さんは常に他社と比べて商品を買っている

　ネットで商品を購入するということは、お客さんは「他社と比べている」ということを意味しています。たとえば、検索窓に「長財布」と入力した人は、検索結果を見て「どの長財布がいいかな？」と探している状況になります。つまり、ネットで商品を売るには、常に競合他社と比較されながら商品を販売していることを意識して戦略を立てなくてはいけないのです。

　そのような事情を考慮すると、ネットショップは自分の商品の良いところを述べるのではなく、他社と比較して優れている点をアピールしたほうが、お客さんの購入意欲を高めることにつながります。「この長財布は、丈夫で長持ちしますよ」という言葉よりも、

「同じ価格帯の長財布の中では、一番長持ちしますよ」

という言葉のほうが、お客さんの"比較している"という心境にはピッタリと当てはまるのです。

常に競合他社を意識する

　競合他社と比較されても勝てるネットショップにするためには、まずは、自分のサイトのライバルがどこのお店になるのかを調べる必要があります。検索結果で自分のサイトよりも上位にいるネットショップや、価格帯が似通っているネットショップなど、お客さんが見比べていると思われるサイトは、ひととおりマークしておいたほうがいいでしょう。

　そして、競合になるサイトがわかれば、常にそのネットショップよりも写真や商品説明文のレベルは上にいくように心がけてください。写真の点数を増やしたり、商品説明文を増やしたりして、常に"上"を目指すのです。特に、競合他社が書いていない情報コンテンツを書いたり、ライバル店舗では扱えない商品を販売したりすることは、大きな差別化になります。常に「競合他社のやっていないこと」を意識して、販促に取り組むことにしましょう。

　ライバルのネットショップというのは、考えるだけでもイライラするものです。真剣に相手にしてしまうと、どうしても苛立ちを覚えてしまいます。しかし、だからといって、相手の動向を見なかったり、バカにしていたりすると、いつの間に足元をすくわれてしまいます。そのような事態にならないためにも、ほどよい距離を保ちながら、競合他社のネットショップを観察し、"比較されても勝てるサイト"を目指して、差別化を図ってもらえればと思います。

　極論を言えば、朝、会社についてパソコンを立ち上げたときに、グーグルやヤフーのサイトが立ち上がるのではなく、ライバル店のネットショップをスタートページとして設定しているぐらいの覚悟が必要です。

競合サイトのチェックポイント

☑ 検索結果をチェックする

検索キーワードをひととおり入れてみて、自分のサイトと比べ、検索位置がどのポジションになっているのか調べてみる。競合よりも検索結果が弱いキーワードがわかれば、強化策を打ち出す。

☑ サイトの内容をチェックする

コンテンツをチェック。内容や文字量で差があれば、それを超えるコンテンツを書く。

☑ スマホサイトをチェックする

スマホサイトが充実していれば、ネットショップ運営全体にも高い意識を持って取り組んでいることが想像できる。スマホサイトが中途半端な状態であれば、早いうちにスマホ対策を打ち出す。

☑ 広告をチェックする

リスティング広告やリマーケティング広告のネット広告をチェック。集客方法がわかれば、競合サイトの売上や戦略の予測が立てやすくなる。

☑ 実際に注文してみる

実際に注文して商品を調べてみる。そのほかにも、自動配信メールや受注発注メール、パッケージや荷物に同封されるチラシなど、ひととおりチェックしたほうがいい。

| 中級編 | CHAPTER 06 |

イラストや漫画を使って、さらに買い物のイメージを膨らませる

使い方とメリットがわかりにくい商品は、ビジュアルを利用したほうが伝わりやすい

　商品説明をする際に、マンガやイラストを活用すると、よりお客さんの理解度を深めることができます。たとえば、布団乾燥機を販売する場合、布団乾燥機の写真と文章だけでは、説明が複雑になってしまいます。しかし、マンガやイラストを織り交ぜると、情報がより視覚的に伝わり、わかりやすいものになります。特にスマホの場合、画面が小さいことから、文字を読むことが億劫になりがちです。マンガやイラストで商品を説明すると、スマホでもストレスなくお客さんに情報を読ませることが可能になります。また、ファーストビューでマンガやイラストを見せると、興味を持ってスクロールしてくれるようになるので、サイトの滞在時間を伸ばす目的でも、マンガやイラストのコンテンツは有効活用することができるのです。

　マンガやイラストの説明をつける商品は、使い方が複雑だったり、わかりにくかったりするものが適しています。車のパーツや健康器具など、使い方とメリットがわかりにくい商品は、文章や静止画では説明しにくいので、ビジュアルで伝えたほうがわかりやすかったりします。また、商品の開発秘話や、売り手側のこだわりなども、文章で書いてしまうと読み流されてしまいますが、マンガにすると興味を持って読んでくれるようになります。

情報はできる限り絞り込んで

　マンガやイラストを描いてくれる人は、「ランサーズ」や「＠SOHO」

などのマッチングサイトを活用して探すといいでしょう。在宅で、数千円から数万円程度の報酬で描いてくれる人が多数在籍しているので、好みのイラストレーターや漫画家を見つけて、執筆を依頼することが可能です。ただし、依頼する際は、できる限りラフなイラストを描いて、クリエイター側にイメージを伝える努力をするようにしましょう。また、依頼する側は、「あれも描いてほしい」「これも描いてほしい」と、いろいろ情報を詰め込み過ぎてしまう傾向にあります。気がつけば、マンガなのに文字だらけになってしまうことがあるので、依頼する側は表現する情報をできる限り絞り込んだほうがいいでしょう。

ここがポイント！

競合他社との差別化のコンテンツとして、4コマ漫画はおすすめです。スマホサイトのコンテンツとしても、文章を読むストレスがなくなる利点があります。短くコンパクトにまとめたことにより、商品のメリットが伝わりやすく、イメージも湧きやすくなります。事例の4コマ漫画の構成案を参考にして、独自の漫画を描いてみましょう。

中級編 | CHAPTER 07

売上を一気に加速させるセールの極意

1〜2週間ぐらい前からセールの告知を始めて、1〜3日ぐらいの短期決戦で

　自社サイトのセール販売を成功させるためには、まず顧客を抱えていることが大前提となります。メルマガやFacebookなどでお客さんを囲い込んでいなければ、検索でやってきた新規顧客に対して、ただ安売りをするだけで終わってしまいます。結果、定価で商品を買おうとしている人に対して安く商品を売ってしまうために、何のためのセール販売をしているのかわからなくなってしまうのです。このように、自社サイトは楽天市場のように広告を使ってセール告知ができないので、セール販売を実施するのであれば、お客さんをFacebookやメルマガで囲い込んでいることが大前提となります。

　ただし、お客さんを囲い込んでいたとしても、突然セール販売の告知をしてしまうと、お客さんの心構えができていないために、商品を購入することに躊躇してしまいます。そのため、==1〜2週間ぐらい前からセール販売の告知を始めて、お客さんに心の準備をしていただく必要があります==。また、毎年、セールの開催時期を決めておくと、お客さんのほうから購入の準備をしてくれるので、セールの開催シーズンは、毎年固定したほうがいいでしょう。

　セールの開催時期ですが、6月下旬〜7月上旬と、11月下旬〜12月上旬のボーナス時期がおすすめです。また、楽天市場やAmazonのセール販売の時期に合わせると、自社サイトにもお客さんが流れてくることが多々あるので、大手ショッピングモールのイベントに合わせてセールを開催してみるのも一手です。ほかにも、一般的な給料日である毎月25日以降や、年

金支給日の偶数月の15日以降にセールを開催すると、ほかの時期と比較して売上が良くなる傾向にあります。

ただし、セール期間が長くなってしまうと、ネットの場合、お客さんが「いつでも買える」と思ってしまい、テンションが下がってしまいます。そうならないためにも、ネットショップの場合は1〜3日ぐらいの短期決戦でセールを開催したほうが得策と言えます。

セールの目的をしっかり定めて、ほどほどの回数に留めるのが得策

セール販売のページに関しては、とにかくド派手に作ることを心がけたほうがいいでしょう。"セール"と銘打っている以上、価格による訴求が重要になるので、価格を大きく全面に打ち出して販売するようにしましょう。

ただし、セール販売はかんたんに売上が作れるために、経営者にとったらクセになってしまうところがあるので注意が必要です。頻繁にセールを開催してしまうと、お客さんのほうも商品を購入するのを待ってしまいますので、逆にお客さんの購入サイクルを鈍くさせてしまう恐れがあります。

そうならないためにも、セール販売はほどほどの回数に留めて、商品開発やコンテンツの充実に力を入れて、安売りに頼らない売り方に力を注いだほうが得策と言えます。

また、セール販売の目的を定めると、同じセール販売でもメリハリがついて、お客さんを飽きさせない販促企画になります。たとえば、

「在庫処分が目的なのか？」
「顧客満足度を上げることが目的なのか？」
「売上を作ることが目的なのか？」

など、しっかりとした目標設定をすると、ページの見せ方やキャッチコピーにもバリエーションが増えて、お客さんに楽しんでもらえるセールをコンスタントに開催できるようになります。

セールのページはど派手に作る

セールは期間が短かったり、終了間近を告知したりすると、「欲しい」という気持ちが活発に動き出す。また、セール販売をする理由を明記すると、商品のブランドイメージも傷つけなくて済む。

【参考】ヨウフクドットコム
http://www.youfuku.com/

| 中級編 | CHAPTER 08 |

「訳あり商品」は新規も常連も両方獲得できる一石二鳥の売り方

お得感が伝わりやすいため、あえて"訳あり商品"を積極的に作っている会社も

「訳あり商品」とは、キズモノだったり、旧モデル商品だったり、正規の価格では販売できない商品のことを意味します。一見、商品価値がなくなったように思われがちですが、"訳あり"という言葉は

「この商品は少し問題があるだけで、品質は悪くない」
「同じ品質で、少し我慢すれば、安く買える」

というお得感が伝わりやすいことから、多くのネットショップで販売されています。
　"訳あり商品"という名称を使ってしまうと印象が悪くなってしまうので"アウトレット品"という言葉を使って販売するネットショップも数多く見かけます。中には、訳あり商品が好調に売れすぎてしまい、あえて訳あり商品を積極的に作っている会社もあるぐらいです。このように、訳あり商品は、「値引き」や「セール」という言葉を使わなくても、商品にお得感を与えて売る方法のひとつとして、多くのネットショップで売られているのです。

「期間限定」「個数限定」で販売すれば大きな影響はない

　先述したように、セール販売は顧客を囲い込まなければ開催することができませんが、訳あり商品であれば、お客さんを囲い込んでいなくても、

お得感を強調してお客さんに販売することが可能です。たとえば、新型の空気清浄機が高くて買えない場合、旧型の空気清浄機が安く売っていれば、そちらの空気清浄機を購入してくれる人が出てくる可能性があります。そして、旧型を使って気に入ってもらえれば、「次は新型を買おう」という見込み客になる可能性も出てきます。このように、訳あり商品が見込み客を育成する役割を果たしてくれるケースもあるのです。

優良顧客向けの販促企画として、シークレットセールを開催して、訳あり商品を売ってみるのも面白いと思います。ユニークで刺激のある販促企画になるので、年間の販促イベントの中に取り入れてみるのもいいでしょう。

もちろん、訳あり商品やアウトレット商品の販売は、ブランド力の低下や、価格破壊にもつながりかねない売り方になるかもしれません。しかし、「期間限定」「個数限定」で販売すれば、そこまで大きな影響を与えることはありません。むしろ、新商品の良さが伝わりやすくなるメリットのほうが大きいと思いますので、ネットショップでは積極的に訳あり商品を販売することをおすすめします。

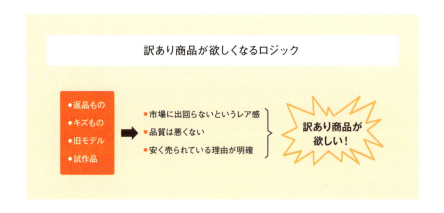

| 中級編 | CHAPTER 09 |

自社サイトの「ポイント」を100％活用して売上を伸ばす方法

特に新規のお客さんへのポイント還元は大胆に

　楽天市場がお客さんの囲い込みに成功している理由のひとつが「楽天ポイント」を活用していることにあります。楽天ポイントは、楽天市場のいろいろなお店で使えるだけではなく、楽天トラベルや楽天ブックスでも使えるので、その多様性にお客さんがメリットを感じて、楽天市場で積極的にネット通販を利用しています。

　しかし、自社サイトでは、楽天市場のようにポイントを活用したセール販売を展開しづらいところがあります。いろいろなお店で使えるポイントであれば、ポイント還元セールをきっかけにして、ほかのお店から見込み客を獲得できるのですが、自社サイトでは1店舗でしか使えないポイントになってしまい、リピート客にしかメリットのない販促企画になってしまうからです。

　そのため、自社サイトのポイントを活用した販促では、思い切ったポイント還元戦略が必要になります。特に、新規のお客さんに対しての大胆なポイント還元は、リピート客の育成にもつながります。たとえば、5000円の洋服を自社サイトで購入した場合、1％のポイントが還元されても、お客さんが手にするのは50円しかありません。そうなると「そんな小額だと、お得感を感じない」という理由で、販促効果のないポイントの還元で終わってしまいます。しかし、ここで10％のポイントを還元すると、10倍の500円を手にすることになります。そうすると、得られたポイントが大きくなるので、「次にこの店で買おう」という意識を強く持ってくれるようになります。

手数料や広告費に比べればポイント還元は高い販促費ではない

　もちろん、ポイントの10％還元は、1割引と同じことになるので、店舗の利益率が下がってしまいます。しかし、2回目に商品を購入してもらうために、いつ購入してくれるかわからないセール販売や割引販売を繰り返すよりも、500円分のポイントを一気に還元させたほうが、高い確率でリピート客になるメリットが生まれます。

　楽天市場やAmazonに手数料や広告費を払うことを考えれば、自社サイトの大胆なポイント還元セールは、そんなに高い販促費ではないところがあります。送料を負担したり、値引き販売をしたりすることを考えれば、じつはポイントの還元というのは、お客さんに「安売りだ」というイメージを植え付けずに売る、お得感のあるセール方法なのです。

　このように、初回のお客さんにポイントを大胆に還元していけば、そのネットショップで商品を定期的に購入するようになり、リピート客に育っていくきっかけになっていきます。

自社サイトのポイントの使い方

- ☑ 「お客様の声」を投稿してくれたらポイント付与
- ☑ ごく一部の常連のお客さんしか参加できないシークレットセールにてポイント還元
- ☑ どうしても売上を作りたいときにポイント還元セールを実施
- ☑ 実店舗でもポイントを使えるようにする
- ☑ 初回の買い物で一気にポイントを還元して、ほかのお店で買えない気持ちにさせる

| 中級編 | CHAPTER 10 |

お客さんも納得してくれる値上げの方法

保証や特典をつけることで販売価格をぼやかしてしまうのも一手

　物価や人件費の上昇により、ネットショップは常に「値上げ」と向き合って商売をしていかなくてはいけません。

「値上げをすると、お客さんに逃げられてしまう」
「他店より高くなってしまうと、売れなくなってしまう」

　と、値上げに二の足を踏んでしまう人も多いのですが、値上げをしないことによって利益が削られていくのであれば、多少のリスクを背負ってでも値上げに踏み切ったほうが得策と言えます。
　値上げを敢行するためには、まずはお客さんをファン化することです。メルマガやFacebook、ダイレクトメールなどを活用して、商品の良さを理解してもらうことができれば、多少の値上げをしても「その商品が好きだから」という理由でお客さんは買い続けてくれます。
　また、リピート商材ではない場合は、お客さんが以前の価格を知らないので、値上げをしてもわからないケースがほとんどです。値上げして他社よりも販売価格が高くなっても、保証や特典をつけて、ほかのお得感と混ぜ合わせることによって、販売価格をぼやかしてしまうのも一手です。

より高い商品に誘導したり、セット買いを促したりして、客単価を上げていくのも大事

　より高い価格の商品を買ってもらうためには、3つのグレードを見せて販売する販促もいいでしょう。そうすると、「安いものを買うと損をする」という意識が明確になり、中間の価格の商品か、高い価格の商品を購入するようになります。また、セット買いを促したり、ギフト品の対応をしたりして客単価を上げていくことも、オーソドックスな値上げの施策のひとつと言えます。

　気になる値上げの告知方法ですが、「値上げしました」とおおっぴろげに告知を出すことは、あまり得策ではありません。よくホームページやFacebookなどで、値上げしたことを宣言するネットショップを目にしますが、そうするとお客さんのイメージの中で「高い」という印象を強く植え付けてしまうので、必要のない買い控えまで引き起こしてしまいます。しかし、だからといって、まったく告知しないのも、不義理なことになってしまうので、ホームページなどの新着情報のところに、目立たないぐらいにサラッと告知するぐらいに留めておいたほうがいいでしょう。

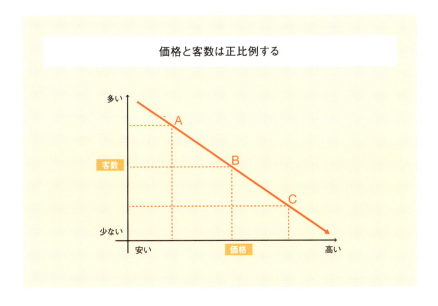

 ここがポイント！

上の図は縦軸が「客数」で、横軸が「価格」になります。Aでは、価格が安くて客数がキープできていました。しかし、Bに値上げすると客数は下がり、さらにCまで値上げすると客数はさらに下がります。しかし、AとBとCが作り出す縦軸と横軸の面積は変わりません。つまり、値上げしても、客数さえキープしていれば、売上が下がることはないのです。だから、値上げの戦略を展開しているときこそ、集客さえ手を抜かなければ、売上が落ちることはありません。

| 中級編 | CHAPTER 11 |

グーグルアナリティクスは数字に距離を置いたほうが、的確な判断ができる

「比べる数値」があって初めて変化を読み取ることができる

　自社サイトのデータ収集のために、アクセス解析ツール「Google Analytics（グーグルアナリティクス）」を活用しているネットショップは多いと思います。無料で利用できて、ネットショップのアクセス人数や直帰率など、売上アップの戦略構築に必要なデータを入手することができます。

　グーグルアナリティクスを解析するうえで必要なのは、"比較"することです。対前年比や対月比のように、比べる数値があって、初めて変化を読み取ることができます。

「6月のアクセス数が5000でした」

という1つの数字を見ても、わかることは何もありません。

「昨年の6月のアクセス数が5000で、今年の6月は1万に上がりました」

という比較する数字がわかって初めて「何かアクセス数が変わるような施策があった」という気づきが生まれて、戦略の考察ができるのです。

規模が小さければ、数字の違いは"誤差"でしかない

　ただし、月商100万円未満の自社サイトであれば、グーグルアナリティクスのデータに振り回されすぎるのも得策ではありません。そのくらいの規模の売上の場合、「売れる」「売れない」の波が起きやすく、アクセス数と売上のデータに相関関係がなくなってしまいます。そうなると、集まってくるデータというのが"偶然"の結果になってしまい、正確な施策ができなくなってしまうのです。

　たとえば、月間で1万アクセスあったネットショップが、8000アクセスに落ちたとしても、Eコマースのサイトでは1000〜2000のアクセス数の違いは誤差レベルでしかありません。つまり、ホームページや商品に何か問題があるのではなく、「偶然、サイトに来る人がこの時期は少なかった」というだけで、このデータからわかることは何もありません。その他の直帰率や滞在時間、転換率も、数値が小さすぎると出てくる数値がアクセス数と同じで誤差になってしまうので、数パーセントぐらいの違いであればまず気にする必要はありません。そもそも、集まってくるお客さんの質が良ければ、アクセス数が少なくても商品は売れますし、集客のための検索キーワードが抽象的なら、アクセス数が多くても転換率が悪くなってしまいます。

　このように、グーグルアナリティクスで集まるデータというのは、小さな売上ではあまり参考にならないところがあります。しかし、それでも、数値の推移を見ると「今、自分のネットショップがどういう状態なのか」がわかるので、ほどよく距離を置きながら、数値をチェックする程度の付き合い方が必要です。

グーグルアナリティクスで見るべき4つのポイント

アクセス数の変化	売上	対策	状況
アクセス数が変わらない	伸びる	商品力が良い。ページが良い。地道な努力でファン客がついてきているので、今の施策を続けていけばさらに売上は伸びる	◎
	落ちる	他社にお客さんを持っていかれている。「ページの訴求力」「価格」「商品力」の3点を改善すれば売上は回復する。	×
アクセス数が落ちる	伸びる	客の質が良いので即買いしている。店舗名、商品名で検索している人が増えているので、ブランド力が向上している。	○
	落ちる	露出状況が悪い。SEO、リスティング広告を見直す必要あり。競合他社に市場を押えられている可能性があるので、早急に対策を。	×
アクセス数が伸びる	伸びる	全体的に好調。アクセス数と売上が伸びている要因を探れば、さらに業績は上がる。	◎
	落ちる	ページの「買わせる力」が今ひとつ。写真やキャッチコピー、お客様の声などを改善して、ページの購入させる力を上げる。	△
あるページだけアクセス数が突出して増加している	伸びる	集客できる穴場キーワードを持っている可能性があるので、検索結果をチェック。	○
	落ちる	ページの構成に問題あり。または販売価格が市場とズレている可能性もあるので、競合他社の商品を確認したほうがいい。	△

ここがポイント！

集客の施策を計画的に行っていなければ、どこからアクセスが来ているのかわからないので、グーグルアナリティクスの数値を見ても判断できません。つまり、「数」がわかっていても「質」がわからなければ、適切な判断ができないのです。そのため、グーグルアナリティクスを導入して施策を展開するのであれば、SEOやリスティング広告、SNSの集客の施策を計画的に行っていることが大前提となります。そのような施策を打ち出していなければ、そもそもデータを見ても対策を打ち出すことができないのです。

そのうえで、上記のグーグルアナリティクスのデータの数値の見極めをしていく必要があります。チェックするポイントは「アクセス数」のみでかまいません。それに対して、売上が伸びているのか、落ちているのかをチェックして、適切に判断してください。

かなり抽象的な表現で申し訳ないのですが、月商500万円以上、アクセス数が月に5万アクセスぐらいから、これらの数値データは役立っていくのではないかと考えています。もちろん、この数値は私の個人的な感覚値であり、商材や客単価にもよって状況は大きく変わります。しかし、小規模の売上のネットショップであれば、アクセス数よりも売上をベースに、状況を冷静に判断して売上アップの施策を考えていってください。

| 中級編 | CHAPTER 12 |

接客メールは「数をこなす」のか「ファンを作る」のかメリハリをつける

趣味性が高く、リピート率の高い商品であれば、売り手側の存在がはっきりわかるように返信

　売上が伸びてきたら、対応メールのテンプレート内容を再度見直すことをおすすめします。オープン当初の頃の対応メールは、ネットショップをオープンさせることに意識が向いてしまい、乱雑なテンプレートになっている可能性があります。たとえば、問い合わせの対応メールが、意味不明な敬語の文章になっていたり、クレーム対応のメールが、失礼なあいさつ文になっていたり —— 気がつかないうちに、お店の印象を悪くしてしまっているメールを返しているケースが多々あるのです。

　また、売上が伸びてくると、お客さんの問い合わせメールに対して、どこまで手間と時間をかけて返信すればいいのか、悩みどころでもあります。丁寧なメールを返せば、お客さんはお店のファンになってくれるかもしれません。しかし、機械的なメールを返してしまうとお客さんは離れていくかもしれませんが、カスタマーサポートの仕事の効率は格段に良くなります。この対応の判断については、ネットショップの運営方針を決めて、できるだけメリハリをつけてメールを返すようにしたほうがいいでしょう。

　たとえば、趣味性が高く、リピート率の高い商品であれば、メール対応は売り手側の存在がはっきりわかるメールを返したほうがいいと思います。対応した人物の名前をメールの冒頭で名乗り、感情が伝わる言葉を使い、絵文字を使ったり、感嘆符のついた言葉を返したりして、ひとりひとりの問い合わせに対して丁寧にメールを返すことを心がけましょう。

　反対に、日常的な商品で、リピート率の高くない商品の場合は、効率重視でメールを返すことをおすすめします。買い手側も、メールの内容にあま

り期待していないところがあります。そのため、感情をあまり挟まない機械的なメールを返しても、売上が落ちることはほとんどありません。

メール対応をドライなものにしても、売上が落ちないネットショップが多い

　この両極端なメールの返し方のスタンスに関しては、賛否両論があると思います。しかし、最近はメール対応による接客サービスの差よりも、サイト内のコンテンツの差や、商品力の差のほうが売上に影響を与えやすいところがあります。メール対応の内容に関しては、昔のように感情をこめて丁寧に返すことよりも、機械的なメールを効率よく返したほうが、メール対応の数をこなすことができて、売上が伸びやすいところがあるのです。

　「丁寧なメールを返さなければ、お客さんが逃げてしまう」というのは、メール対応をする人の思い過ごしのようなところが多々あり、メール対応をドライなものにしても、案外売上が落ちないところが多いのが現状です。そのような事情を考慮すれば、よほど個性的でファンづくりが必要な商材ではない限り、テンプレートのメールさえしっかり作り込んでいれば、効率重視でメール対応をしたほうが今のネットショップ運営には適していると言えます。

メール対応のテンプレートで犯しやすいミス　ベスト5

☑ 敬語や丁寧語を使い過ぎて、意味不明な文章になっている

「お客さんに丁寧に返す＝丁寧語や敬語をたくさん使う」と誤解している人が多い。文章が不自然に長くなり、逆に誠意が感じられない文章になってしまう。特に初期の頃に制作したテンプレートに多いミスなので、再確認したほうがいい。

☑ お客さんがどのようなリアクションを取っていいのか、わかりにくい

返品や返金の手続きの案内がわかりづらい。お客さんに「メールを折り返し出せばいいのか」「電話をすればいいのか」など、具体的なアクションを提示する必要がある。重要な部分は行間を空けて、メリハリのあるメールを返すこと。

☑ テンプレートなのに、作り込んでいない

テンプレートメールだからこそ、レベルの高い接客メールを徹底的に作り込んで、スタッフ全員で共有しなくてはいけない。第三者にチェックしてもらい、文章の内容を再確認したほうがいい。

☑ 謝罪が少ない

謝罪メールでは、最初と真ん中と最後の計3回謝る。原因を明記するだけではなく、改善策も伝えなければ、お客さんの怒りは収まらない。トラブルが長引きそうな場合は、すぐに電話対応に切り替えること。

☑ 売上を取りにいってない

問い合わせや質問に対しては、ただ答えるだけではなく、回答をしながらほかの商品も勧めるクロスセルが必要。おすすめ商品やセット買いに関する案内のテンプレートメールも制作しておくこと。

| 中級編 | CHAPTER 13 |

月額1980円で商品点数を5000点まで増やせる「トップセラー」の使い方

最低でも5000点ぐらいまで商品を増やさなければ、売上を伸ばすのは難しい

　「商品点数を増やす」という販促手法は、最も手軽な売上アップ方法と言えます。商品点数が増えれば、その分商品ページも増えるので、お客さんのサイトへの流入経路が増加します。そうなると、当然アクセス数も増えるので、商品が売れるようになります。さらに、ページが増えたことでSEOも強化されるうえ、まとめ買いが増えるので客単価も上がります。

　しかし、「商品点数を増やす」と言っても、10点の商品アイテムを20点に増やすだけでは売上は伸びません。たとえるのなら、宝くじを10枚から20枚に増やしても、当選確率はそんなに変わらないのと同じことです。もし、宝くじの当選確率を確実に上昇させるのであれば、数十枚ではなく、数千枚単位で宝くじを買わなければ、"当たる"という状況を大きく変えることはできないのです。

　商品点数を増やして売上を伸ばしたいのであれば、最低でも5000点ぐらいまで商品を増やさなければ、売上を伸ばすのは難しいところがあります。もちろん、専門用品や趣味性の強いものであれば、そこまで商品点数を増やす必要はありません。ただ、今まで商品カテゴリーにこだわらないネットショップの商品点数アップを何件かコンサルティングしてきましたが、どうやら"5000点"というのが、売上の大きな境目のようです。これよりも商品点数が少ないと、目に見えて売上が伸びた実感がなく、商品点数を増やしたことによる恩恵を受けられないのが現状です。

ドロップシッピングなら在庫管理なしで商品点数を増やせる

「5000点も商品を増やすなんて無理だ……」と思う人も多いと思いますが、最近では商品を仕入れなくてもネットショップで売ることができるドロップシッピング型のサービスが普及しています。商品データと画像だけを入手して、注文データを送るだけで商品発送をしてくれるので、売り手側は在庫を管理する必要がありません。

日本で最もドロップシッピングによる取扱商品点数の多い株式会社もしもでは、自社サイト向けに「トップセラー」というサービスを展開しています。月額1980円の利用料金で、5000点以上の商品を自由に取り扱うことが可能なので、もし商品点数の少なさに頭を悩ましている場合は、ぜひ試しに使ってみることをおすすめします。

月額1980円で商品点数が5000点以上増やせる"トップセラー"

http://top-seller.jp/

株式会社もしもが運営する『トップセラー』。在庫リスクゼロで売れ筋商品を仕入れることができます。完成された商品ページを用意しているので、売り手側はページ制作の手間も省けます。オーソドックスに商品点数を増やして売上を伸ばす利用方法もありますが、自社商品とクロスセルをかけたり、ネットショップのテストマーケティングに活用したりする人も多いです。

| 中級編 | CHAPTER 14 |

送料無料になる適正の「合計金額」を見つけて、客単価アップを狙う

合計金額が下がれば送料負担の持ち出しが増え、合計金額が上がれば注文数が減る

　よくネットショップで「〇〇〇〇円以上購入すると送料無料」というキャッチコピーを見かけます。これは、お客さんに"送料無料"というハードルを与えることによって、できるだけ多くの商品を同時に購入してもらうための戦略のひとつです。

　この買い物の合計金額の設定は、思いのほか難しいところがあります。合計金額が下がれば、その分注文数は増えますが、送料負担の持ち出しが増えてしまい、利益率が下がってしまいます。反対に、合計金額が上がれば、送料負担の持ち出しが抑えられますが、今度は注文数が減ってしまいます。まさに「帯に短し、襷に長し」なのです。しかし、この送料無料の設定金額の調整を何度か繰り返していくうちに、利益が出て、なおかつ注文数が取れる合計金額がわかるようになります。その送料無料の適正合計金額が導き出せるようになれば、ほかの商品も売れるようになり、客単価が着々とアップしていきます。

「いかに1回の買い物で、たくさんのお金を使ってもらえるか？」が売上アップのカギ

　ほかにも、客単価アップの手法としては、一緒に購入する商品をナビゲーションしていく手法があります。Amazonで商品を購入した際に表示される「よく一緒に購入されている商品」「この商品を買った人はこんな商品も買っています」というキャッチコピーは、思わずもう1品購入してしまう販促の仕掛けと言ってもいいでしょう。

　また、自社サイトの場合は、商品を同梱させるだけではなく、付加価値のあるサービスを一緒に申し込んでもらうことによって、客単価を上げることもできます。たとえば、10年間の修理サービスをつけたり、無料相談やコンサルティングサービスをつけたりして、商品の付加価値をアップさせるのも一手です。地域密着のビジネスであれば、取り付けサービスや出張サービスをオプションで申し込ませたりするのも、客単価アップの手法としては面白いと思います。

　自社サイトの場合、集客力が弱い分、「いかに1回の買い物で、たくさんのお金を使ってもらえるか？」が勝負となります。サイトに訪れたお客さんに、1品でも多く商品を購入してもらうような工夫を積み重ねることが、確実な売上アップにつながっていくのです。

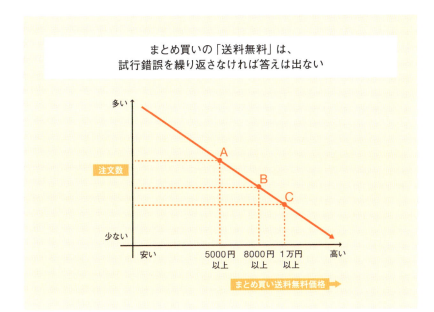

 ここがポイント！

送料無料になる「まとめ買い」の合計金額を、感覚や思い込みで設定してしまうと、市場とズレた価格設定になってしまうケースが多々あります。上の図でいうと、A、B、Cのどこかのポイントが適正金額になります。「まとめ買い」の金額を3種類ぐらいテストして、最も利益率が良くて、注文数が多かった金額設定で、「まとめ買い」をアピールしていってください。

| 中級編 | CHAPTER 15 |

Amazonにお客さんを根こそぎ持っていかれないための対策

価格競争で勝負してはいけない

　商品点数も多く、価格も安いAmazonは、自社サイトにとって脅威の存在と言えます。配送スピードも速く、当日には商品が届くエリアもあることから、実店舗にとっても手ごわい商売敵になりつつあります。

　そんなAmazonに対抗するためには、まともに価格競争で勝負をしないことです。Amazonは「Eコマースの部門で赤字になってもかまわない」という姿勢で価格競争を挑んでくるので、まともに競り合って勝てる相手ではありません。Amazonのほうが自分たちの販売価格よりも安く売り始めたら、熱くならずに、冷静に対応することをおすすめします。

アフターサービスなどAmazonにはない付加価値をアピールしよう

　Amazonにお客さんを持っていかれないためには、Amazonにはない付加価値を打ち出して、差別化の強化を図っていきましょう。たとえば、Amazonは商品の売買の仕組みしか持っていませんので、保証や修理に関してはそんなにフットワークが良いわけではありません。もちろん、サイトの中を探せば充実したアフターサービスがあることはわかるのですが、Amazon自体、あまりその点を表に大きく打ち出してアピールしていませんので、ネットの初心者ユーザーでは購入の際に不安になるところが多々あります。そのような弱点を逆手に取って、電話番号を大きく載せたり、アフターサービスや修理・返品に快く対応できたりすることをアピールして、お客さんに自社サイトとしての付加価値を理解してもらうようにしましょう。

オリジナルの商品であれば、「公式サイト」を大きくアピールするのも一手です。

「最近、類似商品がネット上に出回っているのでご注意ください」
「ホンモノが買えるのは本店サイトだけです」

というキャッチコピーで自社サイトの公式性を強調するとともに、「ほかのサイトで買うと失敗しますよ」というコンテンツを充実させることもAmazon対策の一環になります。

ほかにも、オーダーメイドやラッピングサービスなど、Amazonにはできないサービスを提供して、お客さんにサイトの付加価値を理解してもらうようにしましょう。

> ### 地域名や形容詞を付け加えて、
> ### Amazonが上位を取っていない穴場の検索キーワードを探す

集客の面でも、Amazonは手ごわい相手になります。検索すると、Amazonはほとんどの商品の検索結果で上位を押さえており、どんなに自社サイトがSEOをがんばっても勝てないところがあります。

その場合は、地域名や形容詞を複合キーワードとして付け加えて、Amazonが上位を取っていない穴場の検索キーワードを探すといいでしょう。たとえば、

「大阪　キッチン用品」
「キッチン用品　可愛らしい」

などの言葉では、Amazonは上位表示を狙ってきません。このように、まともにAmazonと戦うのではなく、少し検索キーワードずらしてAmazonと戦う方法を模索するのが、小さな自社サイトがAmazonに勝てるやり方だと思います。

Amazonに勝てる売り方7施策

- ☑ オーダーメイド品
- ☑ アフターサービスが充実した商品
- ☑ 取り付け設置商品
- ☑ Amazonより安く売るもの
- ☑ Amazonには取りそろえていないサイズやカラー
- ☑ ラッピング対応、ギフト対応
- ☑ 電話注文

オリジナルの商品であれば、「公式サイト」を大きくアピールするのも一手です。

「最近、類似商品がネット上に出回っているのでご注意ください」
「ホンモノが買えるのは本店サイトだけです」

というキャッチコピーで自社サイトの公式性を強調するとともに、「ほかのサイトで買うと失敗しますよ」というコンテンツを充実させることもAmazon対策の一環になります。

ほかにも、オーダーメイドやラッピングサービスなど、Amazonにはできないサービスを提供して、お客さんにサイトの付加価値を理解してもらうようにしましょう。

地域名や形容詞を付け加えて、Amazonが上位を取っていない穴場の検索キーワードを探す

集客の面でも、Amazonは手ごわい相手になります。検索すると、Amazonはほとんどの商品の検索結果で上位を押さえており、どんなに自社サイトがSEOをがんばっても勝てないところがあります。

その場合は、地域名や形容詞を複合キーワードとして付け加えて、Amazonが上位を取っていない穴場の検索キーワードを探すといいでしょう。たとえば、

「大阪　キッチン用品」
「キッチン用品　可愛らしい」

などの言葉では、Amazonは上位表示を狙ってきません。このように、まともにAmazonと戦うのではなく、少し検索キーワードずらしてAmazonと戦う方法を模索するのが、小さな自社サイトがAmazonに勝てるやり方だと思います。

Amazonに勝てる売り方7施策

- ☑ オーダーメイド品
- ☑ アフターサービスが充実した商品
- ☑ 取り付け設置商品
- ☑ Amazonより安く売るもの
- ☑ Amazonには取りそろえていないサイズやカラー
- ☑ ラッピング対応、ギフト対応
- ☑ 電話注文

| 中級編 | CHAPTER 16 |

楽天市場で買わせずに、自社サイトで商品を買わせる方法

楽天スーパーセールと自社サイトのセールを同時展開、自社サイトの販売価格を安くする

　楽天市場の強さは、やはり日本で最も強力な"集客力"を持っている点にあります。メルマガによる集客力、検索による集客力、ポイント還元による集客力　―― この集客力は、月額の家賃と手数料を払ってでも手に入れたい魅力があります。一度でもこの集客力を体験してしまうと、地道に自社サイトを運営していくことがバカバカしいと思えてしまうぐらいの、麻薬的な集客力が楽天市場にはあります。

　しかし、この楽天市場の集客力をうまく活用して、自社サイトの売上を伸ばす方法もあります。たとえば、楽天市場が最も売上を伸ばす「楽天スーパーセール」の時期に、自社サイトでもセールを展開してみるのもいいでしょう。楽天スーパーセールが始まると、楽天市場の商品をチェックすると同時に、お気に入りの自社サイトのネットショップの商品も閲覧するお客さんが増えます。それに狙いを定めて、楽天スーパーセールと自社サイトのセールを同時展開してみるのも一手だと思います。

　ほかにも、楽天市場と自社サイトを並行運用しているネットショップは、「自社サイトの販売価格を安くする」という戦略も面白いと思います。楽天市場に支払っている手数料や家賃の経費分を差し引くと、魅力的な販売価格を提示できるネットショップも多いと思います。

「自社サイトがあるのではないか？」と思ってもらうためのちょっとした工夫とは

　肝心の自社サイトへの誘導方法ですが、露骨にやってしまうとペナルティを受ける可能性があるので、慎重に対応しなくてはいけません。方法としては、楽天市場のネットショップに、大きく「楽天市場店」という文字を掲載することです。サイトのいたるところに「楽天市場店」という文字を掲載することによって、お客さんのほうも「自社サイトがあるのではないか？」と勘繰り始めてくれます。そして、自社サイトにアクセスしてみると、販売価格が楽天市場よりも安ければ、お客さんが自社サイトのほうで商品を購入してくれる可能性が出てくるのです。

　もちろん、楽天市場にはポイントの魅力があるので、そうかんたんには自社サイトで商品を購入してもらうのは難しいと思います。しかし、それでも、自社のほうに少しでもお客さんが流れてきてくれる可能性があるのならば、やはりその施策を展開してみる価値はあると思います。

　ほかにも、電話対応を強化したり、実店舗の案内を強化したりすることも、"楽天市場対策"の一環になります。また、楽天市場で競合の商品があれば、そこには必ずお客さんからのレビューが入っています。そこで悪い評判のものがあれば逆にそのポイントを自社サイトで強化して、キャッチコピーやコンテンツでアピールするのもいいと思います。

　自社サイトよりも圧倒的な集客力を持つ楽天市場に対して、自社サイトならではの販促手法で対抗策を講じてください。

R…楽天　A…Amazon　Y…Yahoo!ショッピング

ここがポイント！

2000年〜2012年頃にかけて、Eコマース市場は楽天市場の独走状態になっていました。しかし、2012年頃以降、Amazonが一気に市場を拡大して、さらにYahoo!ショッピングが利用料無料で追従。2014年以降は、それぞれのモールの商圏そのものがボーダレス化してしまいました。

「ポイントがつくなら楽天」
「安くて早く商品が欲しければAmazon」
「Tポイントカードを使いたければYahoo!ショッピング」

と、ネット通販慣れしたお客さんはモールを使い分けるようになり、すでにお店どころか、モールにもこだわりを持たない消費者が増え続けています。
そして今、自社サイトは、最初から商圏の"外"にいたこともあり、ボーダレス化したことによって、飛び出してきたお客さんを獲得するチャンスにあると言えます。将来的には、3モールによる競争が激化することによって、出店しているメリットそのものがなくなってくる可能性もあるので、自社サイトとモール出店店舗との販売力の差がなくなってくることも考えられます。

| 中級編 | CHAPTER 17 |

日ごろの生活の中に、売れる検索キーワードを探す習慣を身につけよう

同じような複合キーワードでも、組み合わせによって、売上と集客数は大きく変わる

　初級編でも述べたとおり、SEOでは「どのような検索キーワードでお客さんを集めるのか？」という"言葉選び"が非常に重要になります。特に最近は、被リンクを増やしたり、登録サイトを増やしたりするSEOの"裏技"的な手法が通用しなくなってきたところもあり、よりいっそう、検索で上位表示しやすい"言葉選び"が検索エンジン対策のカギを握っているところがあります。

　たとえば、「ネクタイ」という検索キーワードでお客さんを集客しようとした場合、露骨に「ネクタイ」というキーワードで上位表示を狙っても、競合が多いため、なかなか検索結果で1位を取ることはできません。そうなると、いつまで経ってもサイトに集客できないので、この検索キーワードで売上を伸ばすこと自体が難しいということになってしまいます。しかし、だからといって「ネクタイ　結び方」という検索キーワードを狙っても意味がありません。なぜならば、"結び方"を調べている段階で、もうすでに手元にネクタイがあるわけですから、この検索キーワードで検索結果の上位を狙っても、売上に直結することがほとんどないからです。そうなると「ネクタイ　通販」「ネクタイ　父の日」などのほうが、直接売上につながる検索キーワードと言えます。このように、同じような複合キーワードでも、組み合わせによって、売上と集客数は大きく変わってしまうのです。

「新たな言葉を掘り起こす」ぐらいのつもりで検索キーワードを探そう

売上に直結する検索キーワードを見つけるためには、いろいろなところから言葉を引っ張ってくる習慣を身につけることです。ネット上にあるツールはもちろん、友達と話したり、実際にその商品を使っている人の声を聞いたり、さまざまな方法で言葉を収集してみるといいと思います。ありきたりな言葉では、すでに競合他社がその検索キーワードを使ってSEOで上位表示を狙っているので、"時すでに遅し"というケースがほとんどです。「新たな言葉を掘り起こす」ぐらいのつもりで、ネットで売れる検索キーワードを見つけてもらえればと思います。

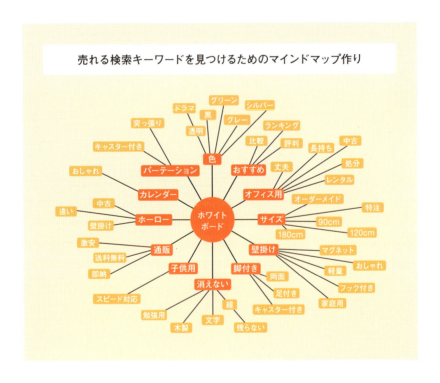

売れる検索キーワードを見つけるためのマインドマップ作り

ここがポイント！

左ページの図のような、マインドマップ形式で検索キーワードを探してみましょう。「ホワイトボード」というメインキーワードに対して、楽天市場、Amazon、ヤフー、グーグルの検索エンジンを活用して、一般的な複合キーワードをリストアップします。さらに、グッドキーワード（P.100を参照）を使って、さらに細かい複合キーワードをリストアップします。

この段階で掘り出し物の検索キーワードが見つからなければ、「Yahoo!知恵袋」などのQ＆Aサイトで検索キーワードを探してみましょう。ちなみに、左ページの図の四角い枠組みで囲ったキーワードは、Yahoo!知恵袋から見つけた複合キーワードです。「ホワイトボード　透明　ドラマ」という検索キーワードは、「テレビドラマのシーンで出てくる透明なホワイトボードが欲しい」という質問がYahoo!知恵袋に複数寄せられていたので、ネットで販売すれば売れる可能性があります。また、「ホワイトボード　線　残らない」というのも、ホワイトボードを買い替えたい人が「今度は線が残らないホワイトボードがいいなぁ」ということで、Yahoo!知恵袋で多数質問していたので、売れる可能性は十分にあると思います。

このように、マインドマップを使って検索キーワードを掘り出してみると、自分が想像していなかった検索キーワードに出会えるかもしれません。

| 中級編 | CHAPTER 18 |

売れるスマホ専用サイトは「縦長」「横長ボタンバナー」が主流

「レスポンシブ対応サイト」と「スマホ専用サイト」、どちらがいいか?

スマホサイトには、以下の2種類があります。

- 既存のPC用のサイトを自動的にスマホ向けに切り替える「レスポンシブ対応サイト」
- スマホから閲覧した際にスマホ用に作られた別のサイトを表示させる「スマホ専用サイト」

レスポンシブ対応は、PCと同じサイトのソースで作られているので、管理・運用が楽になります。しかし、スマホの閲覧者に対して最適化されていないサイトを見せることになるので、見づらいサイトになってしまうデメリットがあります。

対して、「スマホ専用サイト」は、PCサイトのデザインや構成の影響を受けないので、スマホから見てもストレスがないページを表示させることが可能です。しかし、PCサイトとスマホサイトの両方を用意しなくてはいけなくなるので、管理・運用の手間は2倍かかることになります。

どちらがいいのか悩みどころではありますが、やはり自社サイトは商品力があるので、「レスポンシブ対応サイト」でも商品は売れてくれるところがあります。人手が少なく、コストもかけられない自社サイトは、無理をしてスマホ専用サイトを作る必要はありません。ただし、スマホからネット通販を利用する人が増えている現状を考えれば、将来的にはスマホ専用サイトを作る必要は出てくると思います。売上が伸びて人と時間とお金に

余裕が出てきたらスマホ専用サイトを作り、さらにスマホからの売上を伸ばすことに力を入れていきましょう。

リンクは少なく、ページは長く

　スマホ専用サイトを作る場合は、できるだけリンク先のページを少なくしましょう。PCサイトのように、リンクで別ページに飛ばすような構造にしてしまうと、閲覧している最中に移動してリンクが切れてページが見られなくなってしまい、機会損失につながってしまう恐れがあります。そうならないためにも、リンクはできるだけ少なくして、その分、指でスクロールしやすくするために、ページはできるだけ長く作ることを心がけましょう。

　ネットショップを運営している人は、日常的にパソコンと向かい合っているため、どうしてもスマホよりもパソコンから閲覧した画面や、使いやすさを優先してしまうところがあります。しかし、そのような中途半端な気持ちでは、スマホサイトの売上を伸ばすことは絶対にできません。「PCサイトの売上を全部捨ててでも、スマホサイトからしか買わせない！」というぐらいの強い気概がなければ、売れるスマホサイトを制作することはできないかもしれません。

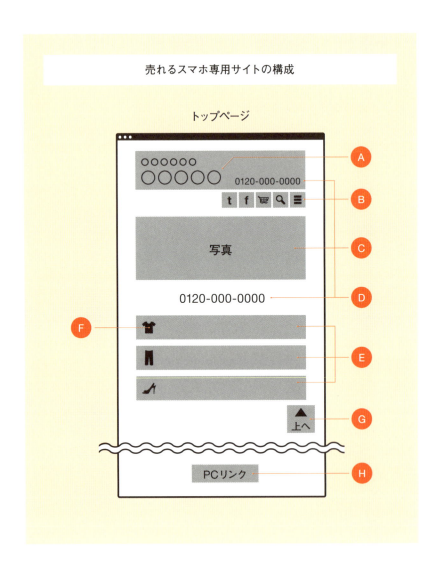

A　トップバナーは大きめに。何を売っているサイトなのかがひと目でわかる店名が理想。わからなければ、キャッチコピーで「通販」という言葉を入れて伝える。たとえば、「キッチン用品通販サイト」「ドッグフード通販専門店」など。

B　メニューバーや検索マークなどのアイコンは、大きく、わかりやすく。ボタンらしく、枠で囲んで"押せる"という意識を強く持たせる。

C　メイン写真は大きく。ファーストビューで、何を売っているサイトなのかがひと目でわかる写真を挿入する。

D　電話番号も大きく掲載。ワンプッシュでかけられるようにしておくこと。

E　スマホはボタンの押しまちがいが起きやすい。プルダウンメニューや、小さいボタンアイコンで横に並べる配置だとストレスが生じてしまう。カテゴリー別にして、ボタンバナーを横に大きく設置したほうが、操作しやすくなる。

F　独自のわかりやすいアイコンをボタンバナーに設置すると、商品が探しやすくなる。

G　スマホサイトはロングページになるので、「上へ」のボタンを設置して、いつでもページのトップに戻って来られるようにしておく。

H　PCサイトを見てみたい人もいるので、PCサイトボタンを設置しておく。

中級編　月商50万円から月商100万円に達するために欠かせない販促テクニック

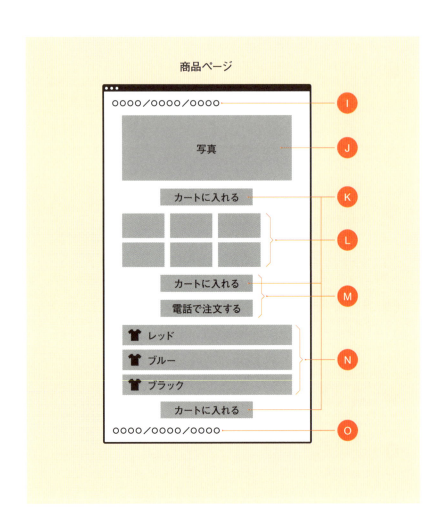

I スマホサイトは、自分自身がどこの階層ページにいるのかわかりづらいので、パン屑リストを設置しておく。

J スマホサイトの場合、ある程度商品を購入するイメージがついているところがあるので、イメージカットより、商品全体がわかりやすいカットをメインに持ってきたほうがいい。

K 商品ページがロングページになった場合は、カートボタンを上中下に3ヶ所に設置しておく。

L 詳細写真はできるだけ多く掲載。ただし、ページの表示スピードが遅くならない範囲で。

M カートボタンの下に「電話で注文ボタン」を設置する。「LINEで問い合わせる」のボタンをつけるとなおよし。

N カラー別、タイプ別の商品があった場合、プルダウンメニューを押させるのではなく、横長のバナーボタンで選ばせたほうが、スマホではストレスがなく商品を購入することができる。PCサイトと違い、スマホサイトは親指でラクにスクロールできるので、縦長のページになることに対して大きなストレスはない。

O ページの最後にパン屑リストが入っていると、ほかの商品ページにも飛びやすくなり、サイトの滞在時間を伸ばすことができる。

中級編 月商50万円から月商100万円に達するために欠かせない販促テクニック

ここがポイント！

スマホサイトは指でスクロールするため、ロングページになることにさほどストレスを感じません。むしろ、ボタンを押す「クリック」のほうが、両手で押したり、電波の都合でリンク切れを起こしたりする可能性があるので、ページ数は少なくして、縦長に作るほうが得策と言えます。

ただし、文字を詰めすぎてしまうと読みづらくなったり、テキストリンクがクリックしづらくなってしまったりします。行間と文字間は、PCサイト以上に空けることを心がけたほうがいいでしょう。

また、商品点数が多ければ、検索窓をつけてもいいのですが、打ちまちがいや候補キーワードが出てこないことから、お客さんに自ら文字を入力させて商品を探してもらうのは大きなストレスになります。商品点数やカテゴリー数が少なければ、横長の大きなバナーリンクの設置だけにとどめておいたほうがいいと思います。

| 中級編 | CHAPTER 19 |

SEOはノウハウよりも、「やる」「やらない」の ケジメをつけることが大事

SEOの手法はすべて"推測"の域を脱することができない

　自社サイトの集客は、SEOによって検索結果の上位に食い込み、お客さんを集める方法が主となります。しかし、グーグル側がSEOのロジックやルールを正式に発表していない以上、SEOの手法はすべて"推測"の域を脱することができません。つまり、「これをやったら確実に検索結果で上位表示される」という決定的なノウハウは、世の中に存在していないのです。しかも、検索エンジンのルールは日々変わっているところがあり、常にネットショップの運営者側もノウハウをアップデートしていかなくてはいけません。先月まで通用していたノウハウが、今月からいきなり使えなくなることもザラにありますし、昨日まで上位表示されていた自分のサイトが、いきなり3〜4ページ以降に飛ばされてしまうことも珍しくないのです。

　そのような気むずかしいSEOとつきあっていくためには、自分なりのSEOとのつきあい方のルールを決めることです。もし、SEO以外に集客力があり、特別なことをやらなくても自分のサイトが上位表示されているのであれば、「ほどほどにつきあう」程度で、SEOとは距離を置いたほうがいいでしょう。深入りしてもそんなに大きな集客効果は望めませんので、SEOに関する専門書を1冊読む程度にとどめて、静観する立場でSEOとつきあったほうがいいと思います。

やるならば日々努力、合わなそうならば深入りせずに別の手法で

　対して、集客方法がSEOしかないというのであれば、SEOの書籍を読んだり、セミナーや勉強会に参加したりして、徹底的にSEOのノウハウを学ぶことに従事してください。ノウハウが蓄積されてくると、信頼できるSEO業者のブログやFacebookが見極められるようになります。それらをベンチマークすることによって、SEOの最新情報を入手することが可能になります。

　ただし、SEOの情報の取り過ぎには注意しましょう。==SEOは人それぞれに考え方や方針があって、正反対の情報が常に存在している業界です。それらをすべて真に受けてしまうと、不安な気持ちで作業が手につかなくなってしまいます。==「私は、このやり方を信じる！」と一度決めたら、ブレずにやり抜くことをおすすめします。

　一番やってはいけないのは、「思いついたときに突然やり始める」SEOです。情報も実績も蓄積がなく、SEOの勉強もせずに、小手先で検索結果の順位を上げようと思っても、日々SEOの努力をしている人に勝てるはずがありません。検索結果の順位が気になるのであれば、日々努力するべきですし、SEOに携わる時間もお金もなければ、やはりどこかで見切りをつけて、別の集客方法を模索したほうが得策と言えます。

　極論を言ってしまえば、SEOの本を1冊読んでみて、「これは面白い」と思った人は、SEOを販促手法に取り入れてもいいと思います。逆に、1冊本を読んでも「こんな面倒なことやるんだったら、別のやり方で集客する」「何を書いているのか難しくてわからない」というのであれば、自分とは相性の良くないノウハウということになります。その場合は、SEOにはあまり深入りせずに、別の販促手法を探してチャレンジしたほうが売上に直結しやすいところがあります。

【上級編】

月商100万円以上でもまだまだ売上を伸ばす極意

ここでは「ちょっと面倒くさいけど、やれば必ず売上が伸びる」という細かいノウハウをまとめました。中にはFacebookやアフィリエイトなどの「これが上級編？」と思うような販促手法も紹介しています。しかし、これらの販促ツールを使ったノウハウは奥が深く、初級編と中級編をクリアした人でなければ実践できない一面もあります。今まで何気なく接してきたノウハウも、改めて考察すると、新しい売上アップの気づきが多数あると思いますので、最後まで気を抜かず読み進めていただければと思います。

| 上級編 | CHAPTER 01 |

Facebookには向いているネットショップと不向きなネットショップがある

　自社サイトの新たな販促ツールとして注目を集めているのがFacebookです。人と人とが緩やかにつながるコミュニケーションツールは、集客にも、顧客育成にも活用できるSNSと言えます。

　しかし、反面で、多くの人が「商売でどうやって使えばいいの？」と迷走しているのが現状だと思います。法人が利用できる「Facebookページ」で新商品やセール情報を発信しても拡散されず、個人のFacebookでは友達のフォローが入るだけで新規顧客につながる気配をまったく感じない――そういう人もじつは少なくないと思います。

どこでも売られていて、発信する情報にニュース性がないものは不向き

　ここで理解しなくてはいけないことは、Facebookと相性のいい商品と、相性の悪い商品の2種類が存在しているという点です。Facebookと相性のいい商品というのは、「売り手側に個性があり、発信する情報に共感が得られる」ものです。たとえば、日本酒を販売している店主が、Facebookを通じて酒のうんちくを語るような情報を発信するのであれば、お客さんから共感が得られやすいので、Facebookを有効活用することができると思います。対して、Facebookに不向きな商品というのは、どこでも売られていて、なおかつ発信する情報にニュース性がないものです。たとえば、同じ日本酒でも、有名ブランドの日本酒を低価格で販売するネットショップの場合は、Facebookで情報を発信しても、情報そのものはありきたりなものになってしまうので、お客さんに興味を持ってもらうことは非常に難しくなります。

「安い日本酒が売っていることがわかれば、Facebookで情報が拡散されて、お客さんが増えるのではないか？」

そう思っている人も多いと思いますが、Facebookはそもそもが宣伝広告の場ではないので、そのような売り込み型の情報発信は敬遠されてしまいがちです。

あくまで人と人が"つながる"ツールであり、"人"と"商品"をつなげるツールではない

そもそも、お客さんは、そのようなお得な情報を求めるためにFacebookをやっているわけではありません。セール情報や新商品情報だけを垂れ流すようなFacebookでは、お客さんを集めることもできなければ、お客さんをファン化させることもできないのです。

Facebookは、あくまで人と人が"つながる"ツールであり、"人"と"商品"をつなげるツールではありません。Facebookを使って自社サイトの売上を作るのであれば、まずは売り手側の個性を打ち出して、お客さんの共感が得られるようなユニークな情報を発信していかなければいけないのです。

Facebookに適したネットショップの条件

Facebookの販促が適していない条件	理由	Facebookの販促が適さないネットショップ
① 実店舗を持っていない	実店舗がなくてもFacebookの活用は可能だが、無店舗だとFacebookにアップしていく写真コンテンツが単調になってしまうので、コンテンツの魅力が薄れてしまう。また、リアリティのある情報を求めているユーザーにとって、リアリティのない無店舗経営は共感を得られにくいところがある。	実店舗を持っていない・小売販売を展開していない・顧客とコミュニケーションをとるイベントを開催していない・価格や利便性を優先させている・形のないサービス業
② 写真コンテンツのクオリティが低い	写真でお客さんを魅了しなければ「いいね！」を押されにくくなってしまう。提供する世界観をイメージさせることができないので、ファンが増えない。	写真で表現することが付加価値につながらない商品・日用必需品・オフィス用品・医療・健康食品
③ タイムリーな情報がない	新商品が頻繁に出て、使い方をいろいろ提案できる商品は、情報をFacebookにコンスタントに上げやすい。また、来店客が多く、千差万別の情報がアップできる実店舗などは、お客さんに飽きられない情報がアップできる。反面、情報に変化がなく、代わり映えのしないセール情報しか配信できないネットショップには不向き。	金融事業・仕入れ品の健康食品・単品通販事業・米・製造業
④ お客さんに伝えたい個性的な"ストーリー"がない	ビジネスを行っている理由が平凡で、競合他社と差別化できるポイントもなく、お客さんに「これを知ってもらいたい」というメッセージがなければ、Facebookを活用しても、お客さんの心を動かせない。	仕入れ商品・大企業のメーカー商品・工業製品・スーパーマーケットで売られている商品・商品点数を増やしているネットショップ・価格勝負のネットショップ・何も考えずに親の後を継いだビジネス
⑤ 売り手のキャラクターが立っていない	お客さんに「この人に会ってみたい」と思わせられなければ、密な関係性を作ることはできない。個性を出しにくいビジネスの販促には適していない。	社長やスタッフが顔出しすることを敬遠するネットショップ・個性を出さなくても価格や利便性のほうが重要視されるネットショップ・多種多品目を取り扱うネットショップ

| 上級編 | CHAPTER 02 |

意図的に「いいね！」を押される戦略を展開しなくてはいけない

"良い写真"を撮ることを心がけよう

　もし、Facebookを活用して売上を伸ばしたいのであれば、まずは発信する情報をコントロールすることです。Facebookは「いいね！」ボタンを押されることによって、閲覧者側のハイライト（タイムライン）に露出される頻度が上がります。

　そのため、まずはどうしたら「いいね！」を押してもらえるのかを考えなくてはいけません。たとえば、職場の楽しそうな写真や、新商品の開発風景など、「楽しそうだな」「面白そうだな」と思われる光景は、比較的「いいね！」が押されやすくなります。また、子どもが職場体験している写真や、キレイな景色やほのぼのする風景の中でスタッフがくつろぐ写真など、お客さんの共感を得られやすいコンテンツを意識してアップすると、「いいね！」が押されやすくなります。

　ポイントとしては、できるだけ"良い写真"を撮ることを心がけることです。意味のない写真や、雑な写真は、やはり共感が得られず、「いいね！」が押されにくくなってしまいます。このように「いいね！」を押されやすいコンテンツを意識してアップすることにより、お客さんの共感が得られるようになり、Facebookをマメに閲覧してくれるようになるのです。

情報を発信する前に、お客さんと関係性を作ることが大切

　このような事情を考えれば、新商品やセール情報をがむしゃらに発信し続けるFacebookが、いかに無意味で、お客さんに不快な思いをさせているのか理解できると思います。Facebookは情報を発信するツールではありま

すが、その前段階として、お客さんと関係性を作ることが大切な販促ツールなのです。

　Facebookによるファンづくりが成功すると、Facebookをメルマガのように活用して、繰り返し商品を買ってもらう仕組みを構築できるようになります。そのような顧客との関係性を作るためには、お店や商品、売っているスタッフを大好きになってもらう情報を、販促戦略として意図的にFacebookを通じて発信しなくてはいけないのです。

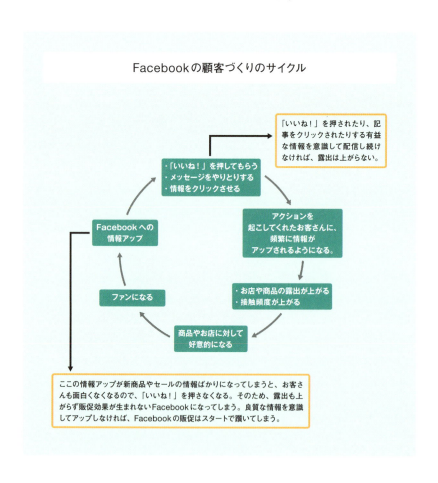

| 上級編 | CHAPTER 03 |

Facebookのフォロワーを計画的に増やしていこう

「放っておいたら、自然にフォロワーが増えていくだろう」という甘い考えでは成功しない

　メルマガと同様、Facebookも読んでくれる"フォロワー"を増やさなければ売上は伸びません。フォロワーを増やす方法としては、ネットショップや実店舗のFacebookで告知を行い、フォロー数を増やしていくのが最もオーソドックスな方法と言えます。サイトやブログはもちろん、店頭や接客時でも積極的にFacebookの存在を告知して、地道に読者を増やしていく必要があります。

　ただし、Facebookの読者を増やすのはたやすいことではありません。特典やキャンペーンなどを展開しても、1日1桁のフォロワーしか増やせないのが現状です。「放っておいたら、自然に増えていくだろう」という甘い考えでは、まず、Facebookの戦略は成功しないと言ってもいいでしょう。このように、Facebookを本気で自社サイト運営の戦略として取り入れていくのであれば、やはり本気になってフォロワーを増やしていくことに力を入れていかなくてはいけません。

情報発信の体制を整えてから、Facebookのフォロワーを集め始めたほうが得策

　また、Facebookは"人"と"人"のつながりの場なので、よほどお客さんがお店や商品に興味を持たなければ、どんなにメリットのある特典を提示しても、フォローすることはありません。そのため、Facebookのフォロワーを増やしてから集客戦略を始めるのではなく、その会社のFacebookを

フォローしたくなるような興味深い有益な情報を日頃発信できる体制を整えてから、Facebookのフォロワーを集め始めたほうが得策と言えます。

逆を言えば、Facebookの読者を集めるだけの有益なコンテンツを提供できないネットショップは、早々にFacebookで売上を伸ばす戦略から手を引いたほうがいいでしょう。ほかのネット販促と違い、広告費や販促手法よりも、発信する情報の質への比重が高いために、おいそれとだれもができるような販促手法ではありません。

しかし、情報発信のコツさえつかめば、SEOやリスティング広告に頼らず集客ができる利点があります。また、質の良いお客さんを確実に囲い込むことができるので、発信する情報に自信のあるネットショップは、ぜひ実践してもらいたい販促手法と言えます。

Facebookのフォロワーを増やす10の方法

☑ **ほかのSNSから誘導する**
Twitterやインスタグラムで Facebook の告知を定期的に行う。

☑ **ブログやメルマガから誘導する**
ブログの最後にFacebookのフォローボタンを設置する。メルマガでもFacebookの案内をする。

☑ **実店舗から誘導する**
接客の際に宣伝をしたり、店内のポスターで告知をしたりする。ただし、複数のSNSを展開している場合は、どれか1つのSNSに集中してプッシュしたほうがいい。

☑ **プロフィールをしっかり書き込む**
プロフィール欄をしっかり書き込んだほうが、フォローする側も安心する。

☑ **Facebookのメッセージ経由で問い合わせを受けるようにする**
メッセージを受けることで、フォロワーにつなげていく。

☑ コメントが入ったら、しっかり返答する
コメントを返すことによって、フォロワーにつなげていく。

☑ 「いいね！」などのアクションを積極的に起こす
自分から相手のFacebookに「いいね！」を押すことによって、フォロワーの見込み客との接触頻度を上げていく。

☑ 投稿内容に一貫性を持たせる
投稿される情報が統一されていると、お客さんもフォローする理由が明確になる。

☑ 頻繁に投稿する
投稿する情報が多くなれば、その分フォローされるチャンスも増える。ただし、無意味な投稿を垂れ流すことはご法度。

☑ Facebookページに特典をつける
「いいね！」を押すと無料ダウンロードサービスや割引券がもらえる特典をつけてフォロワーを集める。

| 上級編 | CHAPTER 04 |

個人のFacebookで
お客さんと距離を縮めていくのが一番

リアルな場で積極的に人とつながっていこう

　Facebookでフォロワーを増やしていくもう1つの方法として、リアルな現実世界で地道にお客さんとつながっていく方法があります。先述したように、Facebookは"人"と"人"がつながるツールです。そのため、シンプルに"友達になる"という行為を継続していけば、必然的にFacebookのフォロワー数は増えていくことになります。

　友達を増やすためには、人の集まる場に積極的に参加することです。町内会のお祭りでもかまいませんし、経営者が集まる勉強会でもかまいません。そのような場で、積極的に周りの人に声をかけて、Facebookでフォローしていくことを地道に続けていきましょう。

　また、実店舗があれば、積極的にイベントを開催して、お客さんと触れ合う場を作っていくのも一手です。お客さんが参加したら、お店が運営しているFacebookページをフォローしてもらったり、経営者本人の個人Facebookをフォローしてもらったりして、こちらもお客さんと友達になるつもりで、積極的にフォロー数を増やしていきましょう。

「売上を伸ばす」という意識よりも
「友達をたくさん増やす」という意識で

　そのような形でファンを増やしたFacebookは、発信する情報もできるだけプライベートなものを意識したほうがいいでしょう。私生活や、子どもの話、趣味の話など、その人を"人間"として好きになってもらうような情報を発信していくことが重要です。そして、その個人的な情報の中に、ご

くたまにお店の情報や商品の情報を挟み込むことによって、集客や販売につなげていき、お客さんを自社サイトに誘導することが、売上につながるFacebookの使い方になります。

　このFacebookの手法が、最も自然な形のSNSの使い方であり、ネットショップに導入しやすい販促方法と言えます。「売上を伸ばす」という意識よりも「友達をたくさん増やす」という意識でFacebookを運営することが、規模の小さい自社サイトにとってストレスのない売上の伸ばし方と言ってもいいでしょう。

個人のFacebookに載せる「いいね！」が押されやすい写真

① シーズンにあった風景写真

② 食べ物の写真や、珍しいビジュアルの食品の写真

③ 楽しそうな写真、笑顔の写真

④ 可愛らしい動物の写真

⑤ 注意を惹くユニークな写真

⑥ 楽しそうな職場の写真

上級編　月商100万円以上でもまだまだ売上を伸ばす極意

ここがポイント！

「いいね!」を押されやすい写真を個人のFacebookに意図的にアップし、ごくたまに仕事の写真や商品の写真を挿入して、そこでも「いいね!」を押してもらうようにします。そうすれば、商業目的的情報にいやらしさがなくなり、自然にお客さんにお店や商品の情報を提供できるようになります。ただし、露骨な商品情報やイベント情報は嫌われるので、写真のビジュアルを意識しながら、さりげなく情報発信することが求められます。

個人ページ	Facebookページ
・ 本名で登録可能	・ 本名以外の企業名やサービス名で登録可能
・ 友達は5000人まで申請可能	・ 友達申請ができない
・ 友達になったら、個人に対して「いいね!」ボタンが押せたり、書き込みができたりする	・ 「いいね!」を押した人はファンになる
・ 広告は出せない	・ ファン数は無制限
・ インサイト(管理画面)が使えない	・ 「いいね!」を押したら、ニュースフィードに表示される
・ Facebookにログインしている人しか見られない	・ 広告が使える
・ SEOの効果はない	・ インサイトが使える
・ "エッジランク"によって表示される情報が変動する	・ ログインしていない人でも見られる
	・ SEOの効果がある

| 上級編 | CHAPTER 05 |

Facebook広告を使って新規顧客をザクザク獲得する方法

　Facebookの新規のフォロワーを集めたり、Facebook上からネットショップにお客さんを誘導したりする手段として、Facebook内の広告を活用する方法があります。ただし、Facebook広告の仕組みとシステムを理解することが非常に難しく、ネット広告を使った経験のある人でなければ、やや取り扱いが難しいところがあります。ここでは、ある程度広告費にゆとりがあり、今後SNSを集客の場として活用していきたいと思っている人に対して、Facebook広告の活用方法についてレクチャーします。

ビジュアル重視で、ファンになってもらうきっかけを作るために活用する

　まず、Facebookの広告戦略では、一般的なFacebookによる販促と同じで「いいね！」を押してもらって、ファンを作ることに重点を置くようにしましょう。Facebookからネットショップに誘導して商品を買わせたり、メルマガの会員に登録させたりする方法もありますが、それはお客さんとFacebook上で親密な関係性ができてから展開すべき販促です。まずは、「いいね！」を押してもらって、ファンになってもらうきっかけを作ることに、Facebook広告の重点を置いてください。
　しかし、ただでさえ「広告」なので、並大抵の情報コンテンツでは「いいね！」ボタンは押してはくれません。興味を惹くような写真をFacebook広告に載せて、「この写真の世界観だったら、広告でもちょっと見てみたいな」と思わせるような、ビジュアル重視の販促でお客さんを取り込んでいくようにしましょう。
　たとえば、旅行バッグを販売するネットショップであれば、風景写真と

一緒に、旅先のレポートを交えたようなブログページに飛ばしたりするのも一手です。また、調味料を販売するネットショップであれば、屋外で楽しくバーベキューをやっているページに飛ばして、アウトドア料理のレシピを紹介する内容で「いいね！」を押してもらうのも、共感を得やすい広告コンテンツになると思います。

長期戦を強いられるが、その分息が長くつきあってくれるお客さんを獲得できる

　このように、積極的に広告を使って「いいね！」を集めることができれば、発信した情報にお客さんが親近感を持ってくれるようになり、それが購入者へステップアップしていくきっかけになってくれます。しかし、「どうすればお客さんの共感を得られるのか？」という表現方法の段階からわからなければ、そもそもFacebook広告を展開してもファンを集めることができません。また、直接購入者につなげられるリスティング広告と違い、Facebook広告は購入者になるまで時間がかかるので、売上効果を発揮するのに時間のかかる手法と言えます。

　しかし、長期戦を強いられる広告手法ではありますが、その分息が長くつきあってくれるお客さんを獲得できる利点もあります。ファンづくりをしてリピート客を囲い込む必要のある自社サイトであれば、Facebook広告の運用に慣れておく必要があると思います。

Facebook広告の検証結果

ここがポイント！

前ページの①〜③のFacebook広告は、私が年末年始に限定販売している「予測カレンダー」で使用したものです。一番反応が良かったのが①の動画でした。制作した動画のクオリティも高く、Facebookのユーザーと相性が良かったことが要因だと思います。

2番目に反応が良かったのは、②の広告です。写真の中にキャッチコピーを入れている③よりも反応が良かったことを考えると、やはりFacebookは写真を見せるシンプルな広告のほうが反応がいいと思います。

Facebook広告のキャッチコピーや説明文は、できるだけ短く作るようにしましょう。また、リスティング広告と同様、ランディングページの出来不出来で勝負が決まってしまいます。ほかのネットショップのFacebook広告を参考にしながら、売れるランディングページを制作するようにしましょう。

ただし、私の今回のデータの場合は、Facebook以外にもメルマガやブログも展開しており、職業柄、事前にファンづくりが成功していたところがあります。Facebookで新規に顧客を集めることが目的であれば、やはりいきなり商品を買わせるのではなく、ファンページに誘導して「いいね！」を押してもらうことからFacebookの広告戦略を組み立てていったほうがいいと思います。

【情報提供】豊田ネットアドバンス
http://toyotanetadvance.com/

| 上級編 | CHAPTER 06 |

知名度があれば、Twitterでキャンペーン展開して見込み客を集めよう

短い文章では商品の良さやメリットが伝わりづらい

　140字の文字数制限がある短文投稿ツールのTwitter。文字数制限が撤廃されるという話も出ていますが、「短い文章を気軽に投稿して、気軽に読める」という特性は、Facebookやブログと棲み分けされたものとして、今後も多くのユーザーに利用されていくことが予想されます。

　しかし、TwitterはほかのSNSと違い文字数制限があるために、どうしても表現する内容に限界が出てきてしまいます。そのため、商品やセール内容を文章で理解させたり、興味を持たせて商品ページに飛ばしたりすることが難しく、ネットショップの販促ツールとしてはやや使いにくいところがあります。また、匿名性が高く、利用者はダラダラと集中力を欠きながら読んでいるところがあり、顧客づくりにもあまり適していません。この点が、ネットショップが今ひとつ、Twitterを有効活用できない要因でもあります。

　規模の小さなネットショップが、プレゼント企画をTwitter上で展開しても、世間の認知度が低いために、思うように見込み客が集まりません。短い文章では、小さい会社の良さやメリットがわかりづらく、Twitterでは表現しづらいところがあるからです。さらに、Twitterで集めたお客さんをFacebookやブログ、メルマガに誘導する仕組みがなければ、「お客さんを集めるだけ集めて、何もできない」という、無意味な販促で終わってしまう可能性も出てきてしまいます。

Twitterで見込み客を集めて、Facebookで顧客育成をしていく

　Twitterを販促ツールとして活用するのであれば、知名度のある企業やお店が、見込み客を集めるためのキャンペーンとして展開することが、効率の良い販促手法と言えます。たとえば、有名食品メーカーが、テレビコマーシャルをやっているような商品を公式サイト上でプレゼントする企画を展開すると、短い文章でも商品価値とメリットが伝わりやすいので、見込み客を集めることが可能になります。その際、Twitter上の広告を活用したり、ほかのネット媒体を活用して告知したりすると、さらに見込み客を集めやすくなります。

　フットワークが鈍い大企業のネットショップでも活用できる利点もあるので、「うまくSNSを利用して見込み客を集めたい」というのであれば、Twitterで見込み客を集めて、Facebookで顧客育成をしていく、という流れを作ってみるのも面白いかもしれません。

SNSの販促の特徴と適しているネットショップ

SNSの種類	特徴	適している ネットショップ
Twitter	表現する文章量が少ないために、認知度がある企業のネットショップにおすすめ。広告費と予算をかけて、大々的なキャンペーンを展開しなければ、レバレッジが効かない。	認知度の高い大手企業のネットショップ。ニッチな業界で知名度があるネットショップ
Instagram（インスタグラム）	「写真で世界観を伝えて好きになってもらう」という高度な表現力が求められる。表現をすることが苦手な人や、スマホ慣れしていない中高年には不向き。	オンリーワンの商材を扱っているネットショップ、ファッション・雑貨・スイーツ関連などビジュアル的に優位性のある商品を取り扱っているネットショップ
LINE	プライベートで活用されるコミュニケーションツールのため、お客さんに受け入れられない難点を抱えている。しかし、顧客との関係性が濃厚であれば、LINE@で取り込むことは可能。利用者にとってメリットの大きい情報であれば、LINEを登録して、関係性を維持してもらうことができる。女性や子どもなど、ネットのリテラシーが低いターゲットの商材やサービスに適している。また、中低所得者へ向けたサービスであれば、大きな販促効果を発揮するのも特徴。	地域密着型の利用頻度の高い生活必需品を取り扱うネットショップ、若年層向けのファッション、雑貨関連のネットショップ
Facebook	写真と文章の両方をバランスよく配信できる。人のつながりを濃密にさえできれば、インスタグラムほどのクリエイティブ能力は問われない。法人向けの「Facebookページ」を活用すれば営利目的の販促も可能。	一般的に付加価値を問われないビジネスや日用品・量販品には適していない

上級編　月商100万円以上でもまだまだ売上を伸ばす極意

| 上級編 | CHAPTER 07 |

ビジュアルに自信があれば、インスタグラムで集客できる

独特の世界観が伝わる写真を撮影するのがポイント

　写真版のSNSとして、着実に利用者を増やしているのがInstagram（インスタグラム）。この販促ツールを活用できるネットショップは、ビジュアル的に表現しやすい商品に絞られてしまうところがあります。ジュエリーやアパレル品、雑貨や家具など、写真で表現して「いいなぁ」「カッコいいなぁ」と思われる商品であることが、インスタグラムを販促に利用できる大前提となります。反対に、日用品やパソコンの周辺機器など、写真に撮ってもメッセージ性が乏しい商品に関しては、販促効果は薄いと思ったほうがいいでしょう。

　インスタグラムの活用方法としては、まずは自分の商品が持っている独特の世界観が伝わる写真を撮影することです。ネットで「インスタグラム　人気　お店」などの検索キーワードで調べると、インスタグラムを活用しているお店を見つけることができます。そのお店の写真を参考にしながら、まずは自分で撮影して、写真を加工してみることからスタートしてみましょう。

　注意するべき点としては、撮っている写真のカテゴリーを、できる限り統一することです。たとえば、家具を販売するネットショップが家具の写真を掲載し続けているのに、いきなり子どもの写真がインスタグラムに出てきてしまうと、世界観に違和感を与えてしまい、お客さんの気持ちを萎えさせてしまう恐れがあります。そのような事態にならないように、アップする写真は同じ商品カテゴリーの写真で統一し続けるようにしましょう。

「ハッシュタグのキーワードをどのように選ぶか？」が集客のカギ

インスタグラムの集客方法ですが、"ハッシュタグ（#）"をキーワードに埋め込むと、そのキーワードで検索された画像が検索結果にヒットする仕組みになっています。そのため、画像で検索されそうなキーワードをどのように選ぶかが、インスタグラムの集客のカギを握っています。たとえば、ヤフーやグーグルで「書斎　アンティーク」というキーワードで検索すると、抽象的な表現すぎて、検索で上位表示しても売上につなげることはできません。しかし、インスタグラムで検索すると、アンティークな書斎の写真をお客さんが探しているケースがあるので、そこから自分の好みの書斎の家具や雑貨を見つけてもらい、注文につなげることができます。

ほかにも、インスタグラムはFacebookやTwitterとの連携が取りやすく、ブログなどにも訴求力のある写真を掲載することが可能です。表現力に自信のあるネットショップ運営者であれば、十分に活用することができる販促ツールと言えます。

インスタグラムは写真で商品の良さを伝えるSNSなので、言葉の障壁がなく、海外向けの商品販促にも適しています。ページの作り込みや、文章を書く作業もいらないので、商材やサービスによってはインスタグラムを集客ツールにして、自社サイトのビジネスモデルを構築してみるのも面白いと思います。

上級編　月商100万円以上でもまだまだ売上を伸ばす極意

インスタグラムを活用して自社サイトに集客する方法

A インスタグラムでは、サイトのURLが1つだけ掲載可能。写真が気に入れば、ここからお客さんがアクセスしてくる。

B 販売したい商品の写真をアップ。掲載する商品のカテゴリーは統一させたほうがいい。

C 写真ひとつひとつに「#」(ハッシュタグ)をつける。そうすると、このハッシュタグのキーワードにヒットした写真が検索結果として表示される。
　なお、Facebookと同様に「いいね!」ボタンがついているので、その数で写真の評価を判断できる。ちなみに、1つの投稿に対して、ハッシュタグは5〜10個ぐらいが理想。また、インスタグラムで同じような商品やカテゴリーの写真を見つけてフォローしたり、コメントをしたりすると、フォロワーが増える。

D これはインスタグラムで「竹内謙礼」と検索してヒットしたもの。このように、私の著書がズラリと並ぶ。このように、インスタグラムは画像検索としての利用性が高い。

ここがポイント！

インスタグラムに投稿する人の7割は、写真を加工して投稿していると言われています。写真のカテゴリーだけではなく、加工する条件も統一させたほうが、写真全体に安定感が生まれます。ネットショップが取り扱う写真としては、スタッフが商品を自宅で使用する様子や風景などは、お客さんからの評判もいい傾向にあります。

販促手法としては、販売開始の1〜2週間前から、新商品の情報や使い方の写真の投稿を繰り返します。そして、インスタグラムの「いいね！」の数を見ながら、人気商品、閲覧される時間帯、客層などの状況をつかんで、販売する商品の優先順位を決めていきます。

なお、商談に関してはLINEを活用することもあるので、LINEのやりとりの窓口は作っておいたほうがいいでしょう。

若年層の女性客は「インスタ映えする写真が撮れるか？」を無意識のうちに行動の判断基準としているところもあるので、インスタグラム用の写真撮影会を主催してみるのもいいと思います。

| 上級編 | CHAPTER 08 |

LINEで丁寧な対応を心がけて、お客さんをファン化させる

フレンドリーに対応すれば、優良顧客になってもらえるチャンスに

　気軽に使えて、楽しいスタンプが充実していることから、あっという間にコミュニケーションツールとして広がったLINE。しかし、プライベート色が強く、販促や宣伝で使われることに対して利用者が拒否反応を示しやすいSNSと言えます。

　しかし、その性質を逆手にとって活用するのも一手です。たとえば、ネットショップへの問い合わせ方法にLINEを加えてあげると、使い慣れているので商品の問い合わせをしてくるお客さんが増加します。その際、問い合わせに対して丁寧に返事をしたり、フレンドリーに楽しくコメントを返したりすると、お客さんがファンになり、優良顧客化するチャンスにつながります。特にLINEの場合は、若年層が利用していることもあり、短いコメントでメッセージが送られてくることが多々あります。そのような短文コメントを軽くあしらうのではなく、丁寧に対応することで、お店やスタッフのファンにさせることも、販促手法のひとつとして取り組んでいかなくてはいけません。

セール情報を中心に情報を発信して、来店頻度を上げる販促ツールとして活用する

　実店舗を持っているネットショップであれば、実店舗からお客さんをLINEに誘導するのも一手です。プレゼントキャンペーンを展開して、お店のLINEに登録することができれば、一斉メールを配信したりすることができるので、お客さんをネットショップや実店舗に誘導することが可能

になります。ただし、LINEの場合、商品情報やコンテンツの情報を流すよりも、セールやお得情報のほうが、お客さんの反応が良いところがあります。「この情報のおかげで得をした」という実感がなければ、プライベートで使っているLINEにわざわざ登録した価値を見いだしてくれません。基本的にはセール情報を中心に発信して、来店頻度を上げる販促ツールとして活用したほうがいいでしょう。

ネットショップで活用できる「LINE＠」のプラン（2016年4月現在）

		無料プラン	有料プラン
月額費用		0円	5,400円（税込み）
メッセージ送信数	月次メッセージ配信数	月1,000通まで	無制限
機能	メッセージ	○	○
	タイムライン	○	○
	リッチメッセージ	×	○
	1:1トーク	○	○
	アカウントページ	○	○
	アカウントページ内の広告枠／おすすめ枠の非表示	×	○
	クーポン機能	○	○
	リサーチページ	○	○
	LINEショップカード	○	○
	LINEグルメ予約	認証済みアカウントの飲食店カテゴリのみ対応	
	コマース（通販機能）	販売価格の4.98％が手数料	
	統計情報	○	○

上級編　月商100万円以上でもまだまだ売上を伸ばす極意

| 上級編 | CHAPTER 09 |

リスティング広告の運用は、1〜1年半かけてじっくり取り組もう

ひと昔前に比べて競争が激しく、情報のキャッチアップが大変

　リスティング広告とは、検索キーワードに連動して表示されるネット広告のことです。ヤフーやグーグルの検索結果の上位に表示される広告といえば、ピンとくる人も多いのではないでしょうか。

　しかし、リスティング広告は、ひと昔前に比べて、運用が非常に難しくなっています。理由の1つとしては、競合が増えてクリック単価が上昇したことにより、費用対効果で割が合わなくなってきていることが挙げられます。しかも、最近では広告枠が少ないスマホサイトでの陣取り合戦が激しくなり、利益率の少ないネットショップではすぐに赤字になってしまう状況です。また、広告運用をする管理画面が頻繁に変わるため、情報や使い方のキャッチアップが間に合わず、運用が手に負えなくなってきているネットショップも増えています。

　もし、リスティング広告を活用して売上を伸ばしたいのであれば、ほかのネットの販促ツールと同様、「やる」か「やらない」のか、しっかりケジメをつけることが重要です。「やる」を選択するのであれば、リスティング広告はネット上に使い方や運営方法の情報が多く出回っているので、素人でも学習することが可能です。セミナーや本など、学ぶ場と教材も多数あるので、根気よく取り組めば、広告運用の経験値を積むことが可能です。

　ただし、やり方はわかっても「いくら広告費を投入すれば、いくら儲かるのか？」という投資感覚をつかむには、やはり時間が必要です。かなり大ざっぱな言い方ですが、だいたい1年から1年半は、広告運用のコツをつかむまでトライ・アンド・エラーを繰り返していく必要はあります。

　「やらない」を選択する場合は、リスティング広告にはいっさい手を出さ

ないことをおすすめします。明確な検索キーワードがない商品や、競合が多い商品などは、いたずらに広告費が消費されていくだけなので、リスティング広告を使わない方法で戦略を立てたほうが得策と言えます。

まずは自分1人で運営してみたあと、広告代理店に任せるのがベスト

　最もやってはいけないことは、リスティング広告について学習せず、中途半端な広告費を投資し続けてしまうやり方です。細かい計算と豊富な経験の元ではじめて採算が取れるネット広告なので、知識のない人が感覚だけで適当な金額を投資してもうまくいきません。また、知識と経験がないまま広告代理店にリスティング広告の運用を丸投げしてしまうと、どのように運用していいのか指示が出せず、ちゃんと運用しているかどうかも判断できないため、結局、無駄な広告費を投資するだけで終わってしまいます。

　理想のリスティング広告の運用方法は、まずは自分1人で運用して、コツをつかんだら、しっかりと運営してくれる広告代理店に任せることです。そして、広告代理店と一緒にデータを見ながら、ベストな運営方法を1〜2年かけて最適化していくやり方がおすすめと言えます。

リスティング広告と一般的な広告の違い

	一般的な広告	リスティング広告
広告掲載と広告費の関係	【例】1枠10万円 一度掲載する場所が決まれば、広告費は固定化される	1クリックあたりの単価設定が高ければ高いほど、レスポンスの良い上位に表示される
管理方法	出稿し終ったら、あとは放置	出稿しても競合が入札単価を上げてくる可能性があるので、常に広告の表示位置や入札価格を監視し続けなくてはいけない。
広告費	固定化される	競合が広告費を増額してきたら、自分も追従して広告費を増やさなくては表示順位が落ちてしまう。そのため、広告費は毎月バラバラになってしまう。
広告の制作	出稿する前にマーケティングを行い、キャッチコピー、説明文、画像を決定する	出稿する前にテストマーケティングを行い、キャッチコピー、説明文、画像を決定する。そして、出稿後も、広告表示位置、転換率を見ながら、キャッチコピー、説明文、画像をレスポンスの良いものに入れ替えていく。一般的な広告と違い、出稿後の制作が必要。
必要な運営能力	・クリエイティブ能力 ・マーケティング能力	・クリエイティブ能力 ・マーケティング能力 ・統計能力 ・投資能力 ・システム開発能力 ・コミュニケーション能力 ・継続力
その他	・1人でも運用できる ・当たるか外れるか運の要素が大きい ・素人でも広告運用のデータ解析をすることができる ・運営のコツは、定期的に出稿していれば、3〜6ヶ月で習得することが可能	・データを常に解析し続けなくてはいけない ・毎月の広告費が変動するので、広告費の決定権がない人には運営できない ・しっかり運用されているかどうか、知識と経験がない人には判断ができない ・運営のコツをつかむのに1〜1年半の期間を要する ・管理運用が複雑で手間がかかるので、能力の低い広告代理店は、手を抜いて適当な運営をしてしまう恐れがある

| 上級編 | CHAPTER 10

ランディングページを作りこんで、購買意欲を徐々に高めさせていく

購入するまでのストーリーを与えることで、お客さんの気持ちを高める

　リスティング広告やSEO経由でお客さんがページに飛び込んだ時に、そのページのみでお客さんに商品を購入させる販売ページのことをランディングページ（LP）と言います。おそらく、「女の子にモテモテになる教材」や「副業で100万円稼ぐ教材」などの怪しい情報商材を販売するページで、ダラダラと長いページを見たことがある人も多いのではないでしょうか。

　これらのページは、事例としてはあまり良くありませんが、ページの構成としては学ぶべき点が多いと言えます。商品をあっさり説明しているだけのページとは違い、お客さんの心理状況を巧みにつかみ、購買意欲を徐々に高めさせていく手法は、自社サイトの販売ページとしても十分参考になるといってもいいと思います。

　消費者はネットで商品を購入するに至るまで、次のステップを踏んでページをスクロールしていきます。

「注意」→「興味」→「連想」→「欲望」→「比較」→「信頼」→「決断」

　問題を提起して、解決方法を出して，商品を手に入れた様子を想像させます。そして、お得感や「限定」といった魅力であおって、他社比較データで信頼性を出して、注文やお問い合わせのアクションを促します。このように、購入するまでのストーリーを与えることで、リスティング広告やSEOで流入してきたお客さんを、高い確率で購入まで持ち込むことが可能になります。

長いランディングページが逆効果になるケースに注意

ただし、すべての商品がこのランディングページに適用されるとは限りません。たとえば、ブランド品や型番商品などの、ネットショップに来る前にすでに購入の意思決定がされている商品に関しては、長いランディングページは逆効果になります。また、リスティング広告やSEOを戦略に取り入れていないネットショップでは、商品価値がわかっているお客さんに無意味に長いページを見せることになるので、離脱率の増加につながってしまう場合もあります。それとは逆に、化粧品や健康食品などの、付加価値がわかりにくい商品に関しては、ランディングページを活用して、徐々に気持ちを盛り上げていく必要があります。

このように、商品によってランディングページが適しているケースと、適していないケースがあります。その点を見極めて、効果的に活用していくことが、リスティング広告の運用には求められます。

リスティング広告のレスポンスを上げるランディングページ（LP）の作り方

注意
インパクトのある写真とキャッチコピーで注意を惹く。また、検索キーワードを意識してキャッチコピーをつけることも重要。たとえば、「ドッグフード　安全」という検索キーワードでリスティング広告を展開するのであれば、クリックして飛び込んだランディングページの冒頭のキャッチコピーは「無添加のドッグフードで安心安全」という言葉で、お客さんが調べようとしているキーワードとすり合わせる必要がある。

興味
商品のメリットを絞り込んで、明確に伝える。1つ以上ある場合は、「3つの特徴」として伝えるのも可。ただし、それ以上特徴が多くなってしまうと、伝えたいことがあやふやになってしまい、興味を惹くことができなくなってしまう。

連想
その商品の"購入後"を写真やイラストで理解させる。「この商品を購入したら、こんなに幸せになりますよ」ということを理解してもらうことができれば、お客さんは購入に対して前向きな気持ちになってくれる。

欲望
「欲望」とは、お得感や限定感のこと。日数や販売数の「限定」を強調することで、「今、買わなかったら後悔する」という思いを強めさせる。セール期間は1〜3日ぐらいの短めのほうが販促効果は高い。逆に、オマケ商品をつけたりする特典は、思いのほか反応が鈍い。その商品を手に入れることによって、さらに自分が思い描いている心の奥底にある"欲望"をイラストや写真で強調する。たとえば、「女性にモテる」「カッコよくなる」「頭が良くなる」など、ストレートに表現することがポイント。ただし、商材によっては、この"欲望"のカテゴリーが表現しづらいものもあるので、ケースバイケースでカットしてもOK。

上級編　月商100万円以上でもまだまだ売上を伸ばす極意

比較
図表や写真、説明文などで、他社よりも優れている点を強調。重要なコンテンツになるので、上部の「興味」の直下に持っていっても可。わかりやすくまとめることが重要。

信頼
利用者の数やお客様の声、販売実績、認定など、「たくさんの人が買っている」「有名な人が認めている」ということがお客さんに伝わるページを作ることができれば、安心して商品を購入することができる。

決断
商品の詳細や大きさなどのスペックを掲載。最終確認のコンテンツとなるので、できるだけ情報は細かく掲載して安心してもらう。

| 上級編 | CHAPTER 11 |

「リマーケティング広告」はほかの販促ツールと組み合わせて初めて本領を発揮する

その商品が欲しくなったタイミングで、再び商品を売り込むことができる

　一度調べたサイトの商品が、その後広告となって、閲覧しているブログやホームページに表示される「リマーケティング広告」。サイトの閲覧者の履歴をインプットして、見込み客を追従し続けるネット広告です。

　リマーケティング広告のメリットは、後からその商品が欲しくなったタイミングで、再び商品を売り込むことができる点です。たとえば、高額なブランド品やジュエリーなどは、品定めをしている時間のほうが長いので、即決で商品を購入する確率は低いといえます。そこで、リマーケティング広告で追従することによって、「買いたい」というタイミングさえあえば商品を購入させることができるのです。

直接商品を買わせる力は乏しい。ほかの販促手法と組み合わせて、データを見ながら運用する

　リマーケティング広告の運営のポイントは、ほかの販促手法と組み合わせて並行運用したほうが、より良い反応が得られるという点です。リマーケティング広告はアシスト的な役割の広告で、どちらかと言えば直接商品を買わせる力は乏しいと言えます。それよりも、「思い出して買ってもらう」という意味合いのほうが強い広告なので、メルマガやブログで情報発信を続けて、「買いたい」という気持ちを高めさせておく"下地づくり"のほうが重要になります。

　また、「思い出して買ってもらう」という性質上、ある日突然、商品名や

店舗名を検索して買いにくるケースが多いのも特長です。そのため、ネットショップのトップページを閲覧した際に、すぐにリマーケティング広告で告知している商品がわかるように、大きめのバナーを貼っておいたほうがいいでしょう。

　リスティング広告と同様、リマーケティング広告も運営方法が複雑で、経験を積まなければなかなかコツがつかめないネット広告のひとつと言えます。また、いろいろな広告文と、いろいろな広告画像のテストを繰り返さなければ、高いレスポンスのリマーケティング広告を作ることができないこともあり、テストマーケティングに非常に時間がかかります。
　アシストという微妙な立場の広告ではあるので、費用対効果がわかりにくい分、しっかりデータを見ながら運用することが重要です。

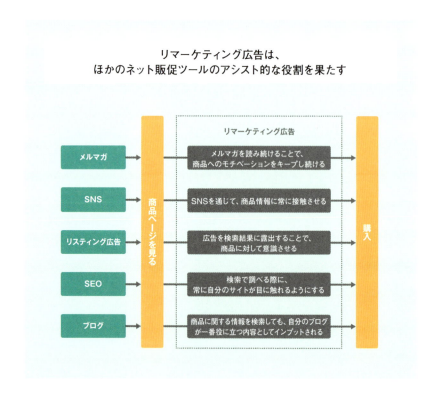

リマーケティング広告は、ほかのネット販促ツールのアシスト的な役割を果たす

| 上級編 | CHAPTER 12 |

ネット広告の運用は、社内ではなく社外に委託して分業制にせよ

2大検索エンジンに加え、スマホやSNSまで含めると、専属の担当がいても運用は困難

　リスティング広告やリマーケティング広告の運用は、年々難しくなってきています。グーグルとヤフーの2種類の広告を運用しなくてはいけないうえに、最近ではスマホの広告も管理しなくてはいけません。さらに、TwitterやFacebookの広告まで管理していくとなると、社内に専属の担当者をつけても運用は困難な状況と言えます。

　このような背景を考えると、もうすでにネット広告に関しては、自社で管理することが不可能な状況になってきているのかもしれません。これからは、広告運用は広告代理店に任せて、社内ではコンテンツづくりや商品開発に力を入れていくほうが、より売上に直結したネットショップ運営になると思います。

相手の知識や経験以上に、人としての相性や人間性が重要になってくるところも

　しかし、現状、しっかりとしたノウハウを持ち合わせていて、なおかつ親身になってネット広告を運用してくれる広告代理店は、決して多くはありません。広告の運用を任せても、効率よく露出されておらず、最低限の管理・運営すらできていない広告代理店も多々あります。月1回、会社に訪問して、それっぽいレポートだけを提出する広告代理店も多いですが、結局そのレポートを見ても運営者側が何もわからないので、良し悪しの判断すらつかないというのが現状だと思います。

このような事態が多発する理由は、依頼主であるネットショップ側が、ネット広告の知識と経験を持ち合わせていないのが要因と言えます。つまり、社内全体でネット広告の知識がないために、広告代理店の運用が正しいのかまちがっているのか判断できず、結果的に中途半端な運営方法に終始してしまうのです。

　極論を言えば、ネット広告の成功は、どれだけ質の良い広告代理店と巡り会うことができるかで、勝負が決まってしまいます。相手の知識や経験も大切ですが、それ以上に人としての相性や人間性が重要になってくるところもありますので、慎重に広告代理店選びを行うようにしましょう。

リスティング広告の代理店の良し悪しの見極め方

- ☑ 契約期間ができるだけ短い
- ☑ 社員数が30人を超える
- ☑ できるだけ管理画面を共有できる
- ☑ 除外キーワードが設定されていない場合は要注意
- ☑ 広告の露出が少ない
- ☑ 設定されたクリック単価が同じ
- ☑ 1つの広告グループに大量のキーワードが入稿されている

【情報提供】豊田ネットアドバンス
http://toyotanetadvance.com/

| 上級編 | CHAPTER 13 |

検索やSNSに頼らずに、爆発的な売上を作るプレスリリース戦略

マスメディアに掲載されれば認知度が一気にアップ

　自社サイトに集客する方法としては、大きく分けて「検索」と「SNS」の2種類があります。しかし、現状、検索で集客しようとすると競合が多すぎて手に負えず、SNSだとなかなかフォロワーが増えず、情報が拡散するまで時間がかかってしまうという難点があります。

　そのような状況下で、効率よく「検索」と「SNS」の販促力を高めるために、プレスリリースを活用してみるのも一手です。プレスリリースとは、マスメディアに対して、企業側から情報を発信して、記事やニュースとして取り上げてもらう手法のことです。この戦略が成功すると、ネットで商品名や会社名を検索する人が増えて、SEOやリスティング広告に頼らなくても、お客さんが自然にネットショップに集まってくるようになります。また、SNSでも新聞やテレビを観たお客さんが日常的に情報を拡散してくれるようになるので、フォロワーを一気に増やすことも可能になります。

「先に商品やサービスを考えてからプレスリリースを配信する」のが成功の秘訣

　成功の秘訣は、自社での商品やサービスを制作してからプレスリリースを配信するのではなく、マスメディアに取り上げてくれそうな商品やサービスを考えてからプレスリリースを配信することです。つまり、メディアが取り上げてくれそうな専用の商品を制作して、意図的にメディアに取り上げられる戦略を取らなければ、ニュースとして拡散されないのです。

　たとえば、新作のロールケーキを作った場合、「ロールケーキができまし

た」だけでプレスリリースを出しても、記者たちは相手にしてくれません。それよりも、2月の節分の時期にあわせて「恵方巻きの形をしたロールケーキを作りました」と言ったほうが、ニュース性があるので、記者たちは紙面やテレビで取り上げてくれるようになります。

集客手段が限られる自社サイトでは、このようなプレスリリースを使ってマスメディアの注目を集める販促手法が活発に行われています。ネットによる販促だけではなく、リアルな世界での販促も強化すると、より加速をつけて売上を伸ばすことができます。

マスメディアに取り上げられやすいプレスリリースネタ（寝具店の場合）

- ☑ **時代背景にあったもの**
  【例】インバウンド消費で日本製の枕がバカ売れ

- ☑ **日本一ネタ・世界一ネタ**
  【例】世界で最も大きい枕を作ってギネスに登録

- ☑ **季節ネタ**
  【例】お花見専用の屋外用タオルケット発売

- ☑ **イベントネタ**
  【例】子どもの日限定。落書きができる羽毛布団

- ☑ **社会ネタ**
  【例】老人ホームに高級羽毛布団を進呈

- ☑ **売れているネタ**
  【例】記録的な猛暑で冷却マットが売れています

- ☑ **アンケートネタ**
  【例】小学生の7割が睡眠4.5時間

プレスリリースのサンプル

平成●年●月吉日

報道関係者各位

富士山の雪解け水を100%使用
掛川のお茶を使った化粧水を発売開始
「お茶の神様の涙」

静岡県掛川市で日本茶を販売するネットショップ「日本お茶センター」（静岡県掛川市・竹内謙礼社長）では、11月1日より、日本茶を使用した化粧水の販売を始めた。当社では2000年から掛川市産のお茶の販売をインターネットや実店舗を中心に行なってきたが、「もっと日本茶の良さを食品以外で伝えられないか？」という思いから、2016年の春から化粧品の販売を構想。日本茶に含まれるカテキンが、肌を滑らかにする保湿成分を多く含んでいることから、化粧水を販売することに着手し始めた。最初は初めて販売する化粧水のことで従業員もとまどうことがあったが、東京にある化粧品メーカーの協力により、化粧水のコンセプト作りから販売までスムーズに行なうことができた。静岡県ならではの、みかんのエキスを配合する考えは、従業員からの発案。「最初は化粧品作りに警戒していた従業員も、最後は自分達でサンプル品を集めて意見をするようになるほど盛り上がった」（竹内社長）ちなみに『お茶の神様の涙』という商品名は、厳選した日本茶を使用しているため、その希少価値を理解してもらうために竹内社長がつけたという。化粧水の使い心地は、つけた瞬間にしっとりする感触が第一印象。ベタつき感がないことから「サッパリしていて保湿感がある不思議な感覚」という声が一番多い。10月下旬から販売を開始したところ、予約販売ですでに300セットがインターネットや実店舗で完売。「今後は静岡のお土産屋さんにアピールして、地元の名産品としてプッシュしていきたいですね」（竹内社長）。価格は200gで2800円。現在は「日本お茶センター」のネットショップ、及び実店舗で販売されている。

●商品名　お茶の神様の涙
●内容量　100g　●販売価格　2800円（税別）
●発売元　日本お茶センター株式会社

「お茶の神様の涙」に関しての問い合わせは、広報担当の竹内までお問い合わせください。

TEL：

携帯：

上級編　月商100万円以上でもまだまだ売上を伸ばす極意

| 上級編 | CHAPTER 14 |

プレスリリースを書かなくてもマスメディアに取り上げられる方法

年間イベントを常にブログにアップしよう

　従来であれば、自社サイトの売上は、SEOとリスティング広告の運用で勝負がほとんど決まってしまうところがありました。しかし、最近では競合が増えたことで、ネット上で戦略を展開するよりも、お客さんが自ら検索したり、SNSでシェアしたりすることを意識した売り方のほうが、自社サイトは売上を伸ばしやすいところがあります。

　そのような背景を考えれば、これからの自社サイトは、マスメディアという大きな力を借りて売上を伸ばす手法を、ノウハウとして身につけていく必要があります。

　マスメディアの取材を受けるために、意識的に自社のブログにマスメディアが欲しがっているようなニュース性のある記事を投稿するのも一手です。たとえば、父の日に「お父さんのお財布作りイベント」のような販促企画を開催するとします。その企画の主旨を自社のブログに書き込めば、テレビ局の関係者がニュースをネット検索で探しているケースがあるので、取材に来てもらえる可能性が高まります。しかも、父の日のように1年に1回必ず定期的に行われるイベントは、翌年もマスコミがニュースを探しているケースがあるので、何もしなくても毎年マスコミが取材に来てくれる可能性も出てきます。このように、年間イベントを常にブログにアップすることで、マスメディアに取り上げられる回数を増やすことができるのです。

"空振り"も多いが"ホームラン"もあるのが魅力

　プレスリリースの販促で売上を伸ばすためには、とにかく根気よく、

ニュースをマスメディアに向けて発信し続けることです。正直、新聞やテレビで取り上げてくれるものはごくわずかで、ほとんどが"空振り"となってしまうのも事実です。しかし、お金をかけずに小さな会社が自社サイトにお客さんを呼ぶためには、このくらいの手間と時間はかける必要があると思います。"空振り"も多いですが、一発逆転の"ホームラン"もあるのが、プレスリリース戦略の魅力でもあります。「どうせテレビや新聞に取り上げられるなんて無理だろう」とあきらめずに、積極的に取り組んでいってください。

メディアがネットで探しているニュースの検索キーワード

☑ **合格グッズ**
変わり種の合格グッズを探している

☑ **うるう年　イベント**
うるう年の変わったイベントを探している

☑ **お花見　スイーツ**
お花見の時期に限定で販売される桜のスイーツを探している

☑ **渋滞　グッズ**
ゴールデンウィークの渋滞の際に車内で遊べるグッズを探している

☑ **雨の日　割引**
雨の日にお得に過ごせるニュースを探している

☑ **暑さ　割引**
猛暑でもお得に過ごせるニュースを探している

- ☑ **夏休み　宿題**
  夏休みの宿題で面白いものを探している

- ☑ **防災訓練　イベント**
  9月1日の防災の日のイベントを探している

- ☑ **いい夫婦の日　プレゼント**
  いい夫婦の日に話題性のあるプレゼントを探している

ここがポイント！

テレビ局や新聞記者は、常にニュースになりそうなネタをネットで検索しながら探しています。上記の検索キーワードは、比較的、世の中にネタが少なく、なおかつニュースとして取り上げられる可能性の高いものをリストアップしてみました。これらのネタに関してブログで記事を書いたり、商品名に入れてみたりすると、その記事をテレビ局のリサーチャーや新聞記者が見つけて、自ら取材に来てくれる可能性もあります。特に、天気や季節に関連するニュースは取材テーマとしても人気が高いので、そのような検索キーワードを意識しながらコンテンツを制作してみるのもいいと思います。

| 上級編 | CHAPTER 15 |

ホームページのリニューアルを成功させるためには、戦略をリニューアルせよ

「売上アップ」ではなく「気持ちの問題」でリニューアルしようとしていませんか？

　売上が伸びなくなると、ネットショップのリニューアルをしようとする人は多いです。しかし、実際には、売上の鈍化とサイトにはあまり相関関係がありません。サイトを変えてもアクセス数が伸びるわけではありませんし、商品やサービスの本質が変わるわけではありません。つまり、トップページのデザインを変えただけでは、売上がほとんど変わらないのが現実なのです。

　それでもサイトのリニューアルをしたがる人が多いのは、特に理由もなく「リニューアルしたい！」という気持ちが高まってしまい、その気持ちをオフにすることができないまま、不要だと思いつつもホームページをリニューアルしてしまった —— というのがほとんどの要因だと思います。たとえるなら、子どもが欲しいオモチャを見つけると、ずっと「欲しい、欲しい」と駄々をこね続けるのと似ているところがあります。結局のところ、リニューアルは売上アップが目的ではなく、気持ちの問題のほうが大きかったりするのです。そのため、ネットショップの運営者は、本当に今のこの時期にサイトをリニューアルするべきかどうか、冷静に判断する必要があります。

デザイナーはページを作ることのプロであっても、売ることのプロではない

　ネットショップのリニューアルをする前にチェックするべきことは、ア

クセス数をアップさせる施策を行っているかどうかの確認です。ブログの更新やSEOなど、アクセス数を伸ばすための基本的な販促ができていなければ、サイトをリニューアルしても売上が伸びないままで終わってしまいます。また、トップページをリニューアルするよりも、商品ページをリニューアルしたほうが売上に直結しやすいところがあります。A/Bテストを繰り返して、確実に商品購入に結びつけるページを構築することのほうが、サイト全体をリニューアルするよりも大切なのです。

そのような施策をすべて打ったうえで、ネットショップをリニューアルするのであれば、ホームページのデザインだけではなく、戦略や商品の方向性まで、すべてを見直したほうがいいと思います。売り方そのものを見直すことで、サイトにアクセスを集める方法も変わってくるので、それらの導線も考慮したうえで、サイトをリニューアルしたほうがいいでしょう。

また、サイトのリニューアルをホームページ制作会社に丸投げする人も多いですが、デザイナーはページを作ることのプロであっても、売ることのプロではありません。そのため、ページの構成やキャッチコピー、写真などはすべて自分たちでそろえたほうがいいでしょう。ホームページ制作会社には「作ってもらうだけ」という状況にしたほうが、より販促力の高いネットショップを作ることができると思います。

このように、ネットショップのリニューアルは、デザインを変えるだけでは、お金をドブに捨てるような結果で終わってしまいます。リニューアルするということは「売上を伸ばす」ということが大前提になります。今までの戦略も含めて、すべてをリニューアルするつもりで、大胆な改革をするようにしましょう。

ここがポイント！

「この公式を知っていますか」と言われたことはないでしょうか？

アクセス数 × 転換率 × 価格 ＝ 売上

この3つの項目の数値を上げれば、売上があがる。だから、"転換率"を上げるために、ホームページをリニューアルしましょう —— そんなことを、経営コンサルタントやホームページ制作会社がよくアドバイスしてくれると思います。
しかし、この公式どおりにやれば、本当に売上が伸びるのでしょうか？
まず、整理して考えると、この公式に当てはめて売上を伸ばそうとした場合、下記の改善策が考えられます。

しかし、サイトをリニューアルして転換率だけ改善させても、「集客戦略」と「商品力」を放置したままでは、売上が不安定になったままです。

つまり、「サイトリニューアル」だけを行っても、集客戦略と商品力が"未知数"のために、売上も"未知数"になってしまうのです。
たとえば、サイトリニューアルで、仮にサイトの転換率のレベルを「100」という満点に改善させたとしましょう。しかし、この公式に当てはめてしまうと、次のようになってしまいます。

集客戦略X × サイトリニューアル100 × 商品力y ＝ 売上Z

このように集客戦略「x」と「商品力「y」の2つの数字を固定化しなければ、売上の「Z」という数値も未知数のままになってしまい、売上の波の激しいネットショップになってしまうのです。つまり、サイトリニューアルをしても、ほかの数字が「x」や「y」の状態なので、売上は上がる可能性もあるけど、下がる可能性もあるのです。
ここで考えなくてはいけないのは、「x」と「y」の数値を固定化して、「Z」の数値を確定したものにすることです。その対策は以下になります。

アクセス数「x」
集客戦略も、サイトリニューアルと同様「100」の満点のレベルにして、徹底的に完璧な集客戦略を組み立てる。

商品力「y」
競合他社よりも性能や価格面でも優れた、圧倒的に勝てる「100」の満点の商品を投入する。

これにより、公式にあてはめる数値が固定化されて、売上に明確な数字が見えてくるようになります。
以上、すべての数値を「100」と仮定した場合の公式です。

集客戦略100 × サイトリニューアル100 × 商品力100 ＝ 売上1000000

「売上が100点満点を超えてるじゃん！」と思われるかもしれませんが、それは当然です。すべての仕事を"完璧"にやったわけですから、100点を超越するぐらいの極端な売上になるのです。しかし、これに少し気が抜けて集客戦略と商品力の改善に「50」しか力を注げてないと……

集客戦略50 × サイトリニューアル100 × 商品力50 ＝ 売上250000

このように、いくらサイトのリニューアルで「100」を獲得しても、売上のレベルは一気に4分の1まで減少してしまうのです。

結論
①サイトをリニューアルしただけでは売上は上がらない。同時に、集客戦略と商品力も見直さなくてはいけない

②ネットビジネスの仕事は、常に「100点満点」を目指さなくてはいけない。どこかで綻びが出てしまうと、すべての販促に影響を与えてしまう。余談だが、ネットショップ運営者の成功者には、完璧主義者、ストイックな人が多い。「このへんでやめておこう」という仕事がないのが、ネットビジネスの仕事なのである。

③気軽に「アクセス数×転換率×価格＝売上」の公式を口にする経営コンサルタントとホームページ制作者には要注意。この公式がかんたんに当てはまるほど、ネットショップ運営は単純なものではない。

| 上級編 | CHAPTER 16 |

ネットショップの人材採用は、SNSと新聞折り込みを活用すれば解消される

条件を欲張りすぎず、役割分担ごとに採用

ネットショップの売上が伸びてくると、売上アップのために、人材の採用も行わなくてはいけません。しかし、小さいネットショップの場合、固定費を上げられない事情から、人件費をできるだけ抑えて、良い人材を確保したいのが本音のところでもあります。

しかし、求人サイトを活用してしまうと、ほかの仕事と比較されてしまい、給与面が見劣りしてしまいます。そのため、規模の小さな会社には、なかなか良い人材が集まらないというのが現状です。また、「ネットショップの仕事」と聞くだけで「専門的な知識が必要だ」と誤解してしまう人が多く、応募そのものが少ないというのも悩みどころです。

そのような事情を考えると、ネットショップの人材は集めにくいところがあるので、仕事の能力に関してはあまり欲張らないようにしたほうがいいでしょう。「ページ制作もできて、受注管理もできて、人当たりもよくて、働くことにモチベーションの高い人」と条件を欲張りすぎてしまうと、いつまで経っても新しい人材を採用することができません。それよりも、「ページ制作のみ」「受注管理のみ」「梱包のみ」といった感じで、役割分担ごとに採用して、それぞれを短時間労働にしたほうが、人材が集まりやすいところがあります。

長期的な視点で「働き甲斐のある職場」であることをアピールしていく

募集方法もひと工夫してみましょう。たとえば、新聞の折り込みチラシ

を使って募集すると、地元の優秀な人材にアプローチすることが可能になります。求人サイトのように他社と条件を比較されることが少なく、「この町で仕事をしたい」という、給与以外の条件でメリットを感じてくれる人を採用することができます。

また、Facebookやブログで求人をしてみるのも一手です。Facebookで企業の方針や商品に関して紹介していると、「こんな会社で働いてみたい」という人を囲い込むことができます。そして、そのFacebookで求人を出すと、「働かせてください！」とすぐに募集がくるというケースが多々あります。

ただし、そのような状況を生み出すためには、マメにFacebookで「働きたい」と思われる情報や写真をアップしなければいけません。スタッフが楽しそうに働いている写真や、商品に対する思い入れを語る記事などを積極的にアップして、お客さんだけではなく、採用見込み者までファンにするための情報を発信していかなければいけないのです。

長期的な視点での求人戦略になりますが、労働条件が厳しい中小の企業は、積極的な情報発信で、働き甲斐のある職場であることをアピールしていかなければいけません。

今後、日本では労働人口が減少していくことは明らかです。そのような状況下で、条件が悪くても「働きたい」と思ってもらうためには、下記の2択しかありません。

①優秀ではない人材を採用して、会社の仕組みで売上を伸ばす
②地道な企業PRで優秀な人を採用して、売上を伸ばす

人材を採用する前に、まずは、自分の会社がどのように売上を伸ばしていくか戦略を立ててから、どのような人材を採用するべきなのかを考えていかなければいけません。

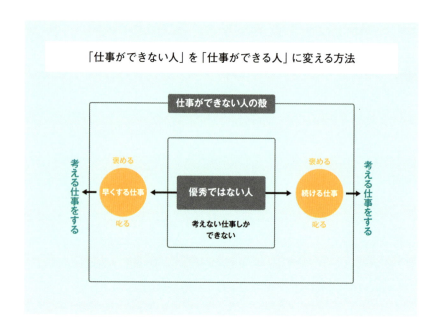

ここがポイント！

人材不足になると、中小企業は「仕事ができない人」を採用せざるをえない状況に追い込まれます。しかし、そのような人材を意図的に教育していくことができれば、人材の悩みは解消されていきます。

前ページの図のとおり、「仕事ができない人」というのは「何も考えないで仕事をする」という状態のことを言います。だから、最初のうちは考えて仕事をしてもらうために、できるだけ単純な仕事をさせるようにしましょう。何も考えない人ができる単純な仕事は、下記の2種類しかありません。

・早く仕事をすること
・続けて仕事をすること

たとえば、新人スタッフを採用したら、あまりたくさんのことはやらせずに、まずは伝票の整理やオフィスの掃除などの「早くやる仕事」からお願いしていきましょう。また、別の新人スタッフには、いきなり企画を考えさせたりするのではなく、ブログを毎日更新するような「続ける仕事」をやってもらうようにしましょう。

そして、「早く」と「続ける」を叱咤激励しながら上司が指導し続けると、やがて新人スタッフは次のようなことを考え始めます。

「早く仕事をするためには、どうすればいいのか？」
「続ける仕事をするためには、どうすればいいのか？」

このような考えが身について初めて「考える仕事」ができるようになり、「仕事ができない人」の殻を破ることができるようになるのです。

| 上級編 | CHAPTER 17 |

さらなる売上アップを狙うための システム選び

楽天市場やAmazonなどにも対応しているものを使うのがおすすめ

　受注件数が増えてくると、管理が煩雑になっていきます。配送伝票や納品書を人の手で書き続けるには限界があり、売上が伸びていくにつれて、受注対応をシステム化していかなければ、注文がさばききれなくなってしまいます。

　ネットショップ運営の受注管理のシステムに関しては、できるだけ既存に出回っているシステムを活用するようにしましょう。システム会社に依頼して、自前でオリジナルのものを制作するネットショップもありますが、やはり、いざトラブルが発生した場合に対応できないという難点があります。また、自社サイトだけではなく、楽天市場やAmazonなどの受注管理にも対応しているものを使ったほうが、将来的に複数店舗を運営した場合に、ストレスなく使うことができます。

使い勝手を担当者に試してもらう

　自分のネットショップに合った受注管理システムを見つけるためには、候補に上がっている受注管理システムをすべて試してみることをおすすめします。あるネットショップが「使いやすい」と言っているシステムでも、使う人の能力と、お店の商材が違うために、「使いやすい」という感覚は人それぞれになってしまいます。そのため、まずは受注管理の担当者に試しにシステムを使ってもらい、最も使いやすいと思ったシステムを採用したほうがいいと思います。

　ただし、マイナーなシステム会社の受注管理ソフトを採用してしまう

と、トラブルが起きても対応できなくなってしまうケースがあります。システム会社そのものが倒産したり、身売りしたりするケースも多々あるので、リスクはそれなりに大きくなります。そのような事態を避けるためにも、できるだけ多くのネットショップが利用している受注管理システムを使ったほうが得策と言えるでしょう。

自社サイトの受注管理対応を劇的に変える"神システム"ベスト3

受注管理システム ［ネクストエンジン］ http://next-engine.net/

日本で最も利用されているネットショップ用の受注管理ソフト。上場企業であるHamee（ハミィ）株式会社が運営していることも安心材料。自身の企業でもネットショップを運営しており、常にシステムがアップデートされていくのが魅力。アフターサービスも充実しており、システムやネットに不慣れな人でも安心して活用することができる。

メール共有ソフト ［メールディーラー］ http://www.maildealer.jp/

メール対応を複数のスタッフで管理するために作られたメール共有ソフト。このソフトを導入すれば、分担してメール対応することが可能になり、不定期出社のアルバイトやパートでもメール対応することが可能になる。人件費を安く抑えることができると評判。上場企業の株式会社ラクスが運営していることも安心材料のひとつだ。

決済システム ［ネットプロテクションズ］ http://www.netprotections.com/

売上が伸びてきたら、決済方法も改善したいところ。特に、商品を受け取った後に支払う「後払い」の需要は、年々増加傾向にある。株式会社ネットプロテクションズが運営している「NP後払い」のシステムを導入すれば、後払いの手続きはすべて代行してくれて、商品の代金も保証してくれるので、ネットショップ側の煩わしさはいっさいなし。店舗に代わって行う入金催促の連絡に関しても、細心の注意を払ってくれる。お客さんにストレスのない対応をマニュアル化しているのも、導入実績が増え続けている魅力のひとつだ。

上級編 月商100万円以上でもまだまだ売上を伸ばす極意

| 上級編 | CHAPTER 18 |

内部スタッフの人数を極力抑えて、効率よく外注スタッフを活用する

要望を具体的に提示し、素材をすべてそろえた状態で、マッチングサイトにエントリー

　スタッフを採用してページ制作やSEOの作業をやってもらうのではなく、外部の業者にそれらの仕事を振ってしまうのも一手です。外部の業者のほうが、余計な対人関係のストレスがなく、その人の能力の得意不得意で仕事を振り分けられるので、効率よく業務を回すことができます。

　外部の業者を探す場合は、マッチングサイトを活用することをおすすめします。マッチングサイトには多くの在宅個人業者や専門業者が登録しており、こちらから予算と仕事内容の要望を出せば、すぐに希望の業者を見つけることが可能です。

　外注業者とうまく仕事をするためには、こちらの要望を具体的に提示することが大切です。たとえば、商品ページの制作を依頼する場合、サンプルになるネットショップのページを見せて「こんな感じのページを作りたい」と伝えたほうが、外注のデザイナーは作りやすいところがあります。

　また、制作の依頼を出す段階で、ページのラフ図案や写真、本文の原稿などの素材を一式そろえていたほうが、外注業者側も見積もりを出しやすくなるところがあります。マッチングサイトを利用する際は、できるだけ依頼する内容の素材はすべてそろえた状態でエントリーしたほうがいいでしょう。

報酬はメリハリをつけて

　報酬に関しては「安かろう、悪かろう」と思ったほうがいいです。その

ため、だれでも作れそうなデザインや業務に関しては報酬額を抑えて、逆にオリジナリティのある仕事や専門性の高い仕事に関しては報酬額をしっかり支払うことで、メリハリをつけたほうがいいと思います。

　ただし、外注業者も同じ人間なので、報酬を値切ったり、横柄な仕事の頼み方をしたりすると、モチベーションを下げてしまって、依頼した仕事にも大きな影響を与えてしまいます。外注の業者の中には、常に孤独感を味わっている人も多いので、少し大げさにでも誉めたり、喜んだりしてあげながら、仕事のモチベーションをキープしてもらうことも大切です。

外注に任せられる仕事の種類と注意点

仕事の種類	注意点
ホームページ制作	制作費はピンからキリ。 過去に制作したホームページのサンプルを見せてもらって決めたほうがいい
スマホサイト制作	売れているスマホサイトを提示して「これと同じようなデザインのものを作ってほしい」と具体的に指示を出したほうがいい。ただし、デザインをパクるのはご法度
バナー作り	安ければ、1個数百円で作ってくれる業者も
ロゴ制作	ロゴはセンスが重要。 こちらの提案にどれだけ具体的な返事をするかで、相手の理解力を計る
名刺制作	名刺のデザインが変わって売上が伸びることはないので、安い業者を探すこと
イラスト・漫画	丸投げすると酷い作品が仕上がることも。 制作する前に、こちらがかなり具体的なラフ図案を描かなければいけない
写真	経験値が浅くて若いカメラマンでも、そこそこ質の良い写真は撮れる
動画制作	カメラマンの撮影技術よりも、絵コンテを描くプロデューサーの腕で決まる

仕事の種類	注意点
チラシ・カタログ制作	こちらが具体的にラフ図案を描かなければ、いい加減な作品が上がってくることも
印刷	価格が安くても、印刷の質が落ちることはない。 ただし、入稿方法などが多少面倒
システム開発	かんたんなメール配信ソフトや見積書発行システムなどは格安で作ってもらえる
コンサルタント	すぐにメールの返信をしてくるコンサルタントはマジメな人が多い
SEO	SEOの基本ノウハウがなければ、良し悪しの判断ができない。 SEO本は最低でも1冊は読んでから依頼すること
ネット広告運用	良し悪しの判断が難しい。リスティング広告に関する本は1冊読み、セミナーには最低限参加してから依頼すること
商品登録	商品アップやかんたんなページ作りなど、流れ作業の依頼。 やはり過去に経験がある人を採用したい
ライター業	SEOの知識があるライターが理想。 サンプル原稿を入手して、ネットで検索してコピペをしていないかチェック
ブログの運用代行	SEOの知識があるライターが理想。 過去に制作したブログは見せてもらったほうがいい
ネットショップの運用代行	売上アップはあまり期待できない。 テクニックを持っている人よりも、マジメな人を採用したほうがいい

| 上級編 | CHAPTER 19 |

「組織」か「1人」かを決めると、10年先の戦略が見えてくる

会社を大きくしたいなら、経営者は永遠に走り続ける覚悟が必要

　ネットショップの売上が伸びてくると、仕事量と収入のバランスを取ることが非常に難しくなります。人を採用しても、目に見えて仕事の量が減ることはほとんどなく、対人関係のストレスだけが増えてしまい、本末転倒になってしまう人も多いです。また、単価が低く、利益率の低い商品を取り扱っていると、売上を伸びて忙しくなる割には利益が少なく、「独立する前のサラリーマン時代のほうが収入が良かった」という話もよく耳にします。

　このように、ネットショップ運営は、闇雲に売上だけを追求していっても、収入が右肩上がりで増えていかないところが多々あります。「将来的に、どのような組織にして、どのような会社を経営したいか？」という目標を決めなければ、いくら良質な戦略を立てても、無意味なもので終わってしまいます。

　もし、「売上を伸ばして、大きな会社にしたい」というのであれば、「お金」が最終目標になるので、組織を拡大していく戦略を取らなければいけません。仕事をマニュアル化して、能力の低い人を採用しても売上が伸ばせる組織を作る必要があります。反面、対人関係にストレスを抱えることは覚悟しなければいけないうえ、売上を伸ばして従業員を養っていかなくてはいけないので、そのような経営者は永遠に走り続ける覚悟を持つ必要があります。

売上を追わなければ、仕事のペースダウンも自由自在

　反対に、「売上よりも、自由な時間が欲しい」というのであれば、目的が「時間」になるので、1人でも仕事ができる環境を整える必要があります。起業当初からフルに外注業者を活用して、スタッフを増やさない経営を目指さなくてはいけません。

　しかし、1人でネットショップを運営すると、どうしても売上規模の拡大は狙えなくなるので、大きなお金を手にすることはほとんど不可能な状態になります。その分、余計な対人関係のストレスは抱えなくなり、自由な時間を手に入れることができます。生活に困らない程度のお金を稼ぐことができれば、無理して売上を伸ばす必要がありませんので、お金に追われる生活とは無縁になります。また、いつでもリタイアできるので、歳を重ねるごとに仕事をペースダウンさせることも可能になります。

　このように、ネットショップの売上を伸ばす以前に、「自分はどのような人生を送りたいのか？」によって、取るべき戦略とネットショップの運営スタイルが決まるところがあります。何も考えずにがむしゃらに売上を伸ばすことも大切ですが、次のステップに踏み込むときには、必ず一度立ち止まって、「何のためにネットショップを運営しているのか？」ということを再確認してみる必要はあると思います。

自社サイトの組織を拡大していく一例

組織人数	人材の仕事内容	組織変化の詳細
1人	社長	すべて1人で仕事をやる。自由。だけど忙しくて時間がない
2人	社長・事務	事務や雑務をやってくれるスタッフ。奥さんや親友に頼るケースが多い
3人	社長・事務・ページ制作担当	ページ制作をアルバイトや外注スタッフに依頼する
4人	社長・事務・ページ制作担当・商品管理	ページ制作担当を正社員化。同時に、バイヤー兼商品管理のスタッフを採用
5人	社長・事務・ネットショップ運営担当・ページ制作担当・商品管理	ページ制作担当者を運営者に昇格させて、新たにページ制作担当をもう1人採用する
6人	社長・事務・ネットショップ運営担当・ページ制作担当2人・商品管理	ページ制作担当者を2人体制にしてページ数を増やしたり、仕事のスピードを上げたりする
7人	社長・事務・ネットショップ運営担当2人・ページ制作担当2人・商品管理	運営者を2人体制にして、SEOやSNSなどの販促を強化。ネットショップも複数運営
8人	社長・事務・ネットショップ運営担当2人・ページ制作担当2人・商品管理・システム	システム担当者を導入して、業務の効率化を図る
9人	社長・事務・ネットショップ運営担当2人・ページ制作担当3人・商品管理・システム	ページ制作担当者を増やして、商品点数のアップと販促企画のスピードを上げる

上級編　月商100万円以上でもまだまだ売上を伸ばす極意

組織人数	人材の仕事内容	組織変化の詳細
10人	社長・事務・ネットショップ運営担当2人・ページ制作担当3人・商品管理2人・システム	商品管理とバイヤーを分けて、新たにスタッフを採用。商品の仕入れや開発に力を入れる
11人	社長・事務・ネットショップ運営担当2人・ページ制作担当3人・商品管理2人・システム・卸担当	新たに卸担当者を採用して、実店舗に向けた販促を展開
12人	社長・事務・ネットショップ運営担当2人・ページ制作担当4人・商品管理2人・システム・卸担当	ページ制作担当をさらに増やして、ネットショップ運営の業務をさらにスピードアップ

ここがポイント！

商材や会社の状況によって、組織の拡大方法はまちまちなので、一概には229～230ページの拡大方法には当てはまらない場合もあります。ただし、大まかに以下の流れになると思います。

「雑務の解消」→「ネットショップ運営の分担」→
「システムによる効率化」→「卸販売の展開」→「さらなる売上拡大」

図を見てもわかるとおり、一番仕事がキツイのが3～6人ぐらいの組織だと思います。人数が少ないうえに、実質、売上を直接伸ばせるスタッフがそろっていないので、資金的にも精神的にも厳しい状態と言えます。この状態でネットショップを運営し続けると、永遠に運営が厳しい状態が続く可能性もあります。この段階で「規模を大きくする」か「規模を縮小する」かの方向性を見極めたほうがいいかもしれません。

また、組織というのは拡大していくにつれて新陳代謝が起こるものです。初めて採用した人材は、会社の経営が苦しいときにがんばってくれたスタッフなので、どうしてもひいき目に見てしまうところがあります。しかし、新しいスタッフを採用していくにつれて、古いスタッフの仕事の能力がさほど高くないことが判明してくると、「情を優先するべきなのか、それとも効率を優先するべきなのか？」という経営者の判断が迫られるところがあります。このような経営者とスタッフの軋轢は、「6人」「9人」と、バレーボールの編成人数と同時期に発生すると言われています。しかし、9人を超え始めると、一気に事業は拡大していくところがあるので、まずは「9人」の体制を目指して、組織づくりを行っていきましょう。

| 上級編 | CHAPTER 20 |

検索キーワードごとに複数ネットショップを運営して、さらにSEOを強化

> コンテンツやキーワードの専門性が高まるので、
> 検索結果で上位が狙いやすくなる

　ネットショップ運営と聞くと"1社につき、サイトは1つ"というイメージを持っている人は多いと思います。しかし最近では、SEOを意識して、同じ商品であるにも関わらず、検索キーワードごとにネットショップを運営しているところが増えてきています。それぞれの検索キーワードで上位表示を狙いやすくして、お客さんを集客するためです。たとえば、「ダイヤ」を販売しているネットショップがあった場合、「ダイヤ　激安」「ダイヤ　指輪」「ダイヤ　ネックレス」など、検索キーワードによってお客さんの購入目的が大きく変わってしまうケースがあります。ただ、1つのホームページの中に複数の検索キーワードを埋め込んでしまうと、どうしてもSEOの施策が薄まってしまい、上位表示できない事態になってしまいます。そのような最悪の事態を避けるために、それぞれの検索キーワードでネットショップを構築して、それぞれの検索結果で上位を狙うやり方が、最近のSEOのトレンドになっています。たとえば、

　「ダイヤ　激安」と調べている人に対しては、ダイヤの価格重視のネットショップを提案。
　「ダイヤ　指輪」のサイトでは、指輪のラインナップを掲載。
　「ダイヤ　ネックレス」と検索している人に対しては、ネックレスをたくさん載せたサイトを用意。

　このように、検索キーワードごとにサイトを作ることで、それぞれのコ

ンテンツやキーワードの専門性が高まるので、検索結果で上位が狙いやすくなるのです。

経営リスクの分散にもつながる

最近では、検索エンジンのルールが突然変更されて、検索結果を下げてしまうネットショップが増えています。そのようなイレギュラーな事態を回避するためにも、キーワードごとにサイトを複数持つことは、経営リスクの分散にもつながります。別の商品を取り扱うネットショップを複数運営することも売上アップの施策として重要ですが、同じ商品でも検索キーワードごとに分けてネットショップを運営することも、複数サイト運営の施策として興味深い売り方のひとつと言えます。

ここがポイント！

検索キーワードごとにネットショップを構築すると、専門性の高いコンテンツになるので、その検索キーワードで調べているお客さんに対して相性の良いページを見せることができます。離脱率も低くなり、在庫は共通して管理できるので、効率よく複数のネットショップを運営することが可能になります。
注意点としては、同じようなコンテンツ記事（テキスト文）にしないことです。SEOとして評価が下がってしまう可能性もあるので、できるだけコンテンツは差別化しながら制作したほうがいいと思います。

キーワードごとにネットショップを運営してSEOを強化

「ダイヤモンド ネックレス」の
検索キーワードに対応したサイト

「ダイヤモンド リング」の
検索キーワードに対応したサイト

「ダイヤモンド 激安」の
検索キーワードに対応したサイト

「ダイヤモンド ピアス」の
検索キーワードに対応したサイト

【提供】ホームページ制作会社　ウェブシード
http://www.web-seed.com/

| 上級編 | CHAPTER 21 |

アフィリエイトは、ビジネスパートナーになったつもりで接しなさい

自分の商品のバナーを貼ってくれるサイトが10個以上思いつかなければ、やってもうまくいかない

　サイト運営が得意な人たちが、ネットショップに代わって商品を紹介して、販売の手助けをしてくれるネットビジネスの仕組みのことを「アフィリエイト」と言います。アフィリエイター（商品の紹介を手助けしてくれる人）の紹介を経由して商品が売れたら、売り手側が紹介料を支払うことから、"ネット上の紹介業"と言えばイメージがつきやすいと思います。

　アフィリエイトをうまく活用するためには、まずはアフィリエイトに関する本を読んだり、セミナーに出たりして、仕組みを理解することから始めましょう。知識がない状態で始めてしまうと、何から手をつけていいのかわからなくなってしまうので、まずは基礎知識から学ぶことをおすすめします。

　そのうえで、自分の取り扱っている商品がアフィリエイト向きなのか、そうではないのかを判断する必要があります。基準としては、自分の商品のバナーを貼ってくれるサイトが10個以上思いつかなければ、アフィリエイトをやってもうまくいかない可能性が高いので、アフィリエイトそのものをネットショップ運営の戦略からから外したほうがいいと思います。

常にアフィリエイターのモチベーションを上げる施策を展開する

　もし、アフィリエイトがうまくいくイメージができた場合は、さっそくアフィリエイトサービスを提供している会社に申し込みをしてみましょう。そして、アフィリエイターが運営しているサイトに貼りやすいバナー

やテキスト文を用意して、優秀なアフィリエイターを取り込む施策を展開していきましょう。

　また、アフィリエイターに積極的に自分の商品を取り扱ってもらうために、報奨金を上げたり、商品を無料提供したり、常にアフィリエイターのモチベーションを上げる施策を展開する必要があります。アフィリエイトは、なにもせずに黙っていても売上が伸びるネット販促ではありません。ビジネスパートナーを鼓舞するつもりで、アフィリエイターとコミュニケーションを取っていかなくてはいけません。

　アフィリエイトを利用して自社サイトの売上を伸ばすためには、かなり本気になって取り組まなければ、成功するのは難しいと思います。しかし、アフィリエイターのみなさんが自分に代わってSEOやリスティング広告をやってくれると思えば、そんなに大きな時間とお金の投資ではないという考え方もあります。

　ただし、SEOやリスティング広告の知識がなければ、アフィリエイターとのコミュニケーションがうまくとれません。1年間ぐらいはSEOとリスティング広告の運用経験があったほうが、アフィリエイトでは良好な関係が築きやすいところがあります。

アフィリエイトで売上を伸ばすための3つの施策

☑ ①アフィリエイトがやりやすくなる素材を提供する

たとえば、Google AdSense（グーグルアドセンス）で推奨されているサイズに合わせてバナーを作ったり、季節やキャンペーンによって適切なバナーを提供したりすると、アフィリエイターもアクティブに動きやすくなる。また、バナーやテキスト文だけではなく、その企業やサイトで取り扱っている独自の商品やサービスの写真やイラストなどを提供するのも一手。

☑ ②質が高いアフィリエイターの提携数を伸ばす

プロバイダーが配信しているメルマガなどで宣伝して露出を高めたり、アフィリエイターの勉強会や集まりに参加したりして、有力な提携先を見つける。また、自分が狙っている検索キーワードの検索結果から有力なアフィリエイターを見つけて、個別にリクルーティングをかけていくのもいいだろう。

☑ ③質の高いアフィリエイターに動いてもらう

アフィリエイターを囲い込むことができたら、彼らに対して定期的にノウハウを提供していく。たとえば、上位表示を狙うキーワード候補を伝えたり、サイト作成のコツを伝えたり、ノウハウを提供することで、積極的に検索結果で上位を狙うためのアクションを起こしてもらうようにする。モチベーションが落ちないように、定期的に連絡することも忘れてはいけない。

| 上級編 | CHAPTER 22 |

売れる商品の開発と仕入れのポイントは「検索キーワード」と「ビジュアル」

「ストーリーや思い入れがある商品」「写真映えする商品」は売りやすい

　ネットで売れる商品は、基本的には検索されやすいキーワードが存在していることが大前提となります。たとえば、「折りたたみ自転車」の場合、検索キーワードが明確なので、SEOもリスティング広告も仕掛けやすいところがあります。反面、「きのこ」になると、ネットで検索してわざわざ調べる検索キーワードではないので、きのこに関する食材や調味料などはネットではやや売りづらいところがあります。

　そのほかにも、キャッチコピーがつけやすい商品や、開発ストーリーや作り手の思い入れがある商品はページが作り込みやすいので、ネットで売りやすいところがあります。最近では、Facebookやインスタグラムの普及で、写真に撮って「可愛らしい」と思われるものも売れ筋商品として人気があります。画像バナーにしたときにもクリックされやすいので、"見た目重視"で商品開発をするのも一手です。

「どこでも売っている商品」「奇をてらった商品」は売りづらい

　反対に、ネットで売りづらい商品というのは、「どこでも売っている商品」です。わざわざ自分のネットショップで購入する必要がないので、そのような商品は価格競争に巻き込まれてしまい、すぐに売れなくなってしまいます。

　また、奇をてらった商品や、これから市場に新しく登場する商品というのも、ネットで売ることは難しいと言えます。明確な検索キーワードが存

在していないことに加えて、その商品を使用すること自体になじみがないので、ネット通販のような手に取って試すことができない売り場では、やはり不利になってしまうのです。「この商品は売れるぞ！」という画期的な新商品は、まずはリアルな実店舗で販売するほうがヒットにつながる可能性は高いと言えます。

そうは言っても、商売の世界は、何が大ヒット商品になるかわからないところがあるのも事実です。最初から売れる商品がわかれば、困ることなどありません。ある程度、数をたくさん市場に出さなければ、売れる商品にたどり着かないところがあります。一度や二度の失敗にめげずに、トライ・アンド・エラーを繰り返すタフなハートを持つことが、商品開発担当者やバイヤーには必要です。

ネットで売れる商品は
検索キーワードの有無と競合の有無によって決まる

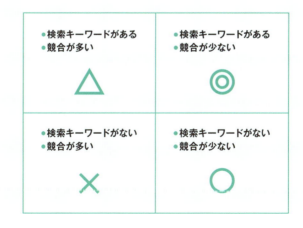

ここがポイント！

前ページ左下の「検索キーワードがない」「競合が多い」というゾーンは、最もネットで売りづらい商品となります。検索で商品にたどり着くことができないうえに、競合が多いので、仮にネットで売れ出しても、すぐに価格競争に巻き込まれてしまいます。

その点、左上の「検索キーワードがある」「競合が多い」ほうが、まだ売りやすいところがあります。しかし、競合が多いために、検索結果で上位を狙うのがなかなか難しいところがあります。

そうなると、右下の「検索キーワードがない」「競合が少ない」のほうがビジネスチャンスは大きいと言えます。検索キーワードがない分、ブランディング戦略がうまくいけば、オリジナルのブランド名や店舗名で検索してくれるようになり、市場を独占することが可能になります。

そして、一番売りやすいのが、右上の「検索キーワードがある」「競合が少ない」という商品です。しかし、そのような都合のいい商品というのはなかなか見つけることができず、常にマーケットの状況と検索キーワードの市場を頭の中に入れながら、商品探しを行わなくてはいけません。

| 上級編 | CHAPTER 23 |

定期購入をしてもらうなら「定期購入しかやらない」ぐらいの覚悟を持て

長期的な効果やメリットなどを強く打ち出そう

月に1回、決められた日に決められた商品をお届けする「定期購入」は、わざわざ買い物をする手間が省けることから、お客さんにも人気のネット通販サービスとなっています。取り扱われる商品もさまざまで、健康食品や産直野菜のほか、花や洋服など、定期購入が「便利」から「楽しみ」の世界に代わりつつあります。

定期購入にお客さんを誘導するためには「定期購入でしか商品は買えないぞ！」と強く思わせることが重要です。強いメッセージのキャッチコピーを用いて、商品ページを作らなくてはいけません。オマケ程度のサービスで「定期購入サービスもやっていますよ～」ぐらいでは、賢い消費者はすぐに警戒してしまいます。本気で定期購入を増やしたければ、新たに定期購入専用のホームページを作るぐらいの施策は打ち出したほうがいいと思います。

また、定期購入サービスの案内ページでは、明らかに定期購入のほうにメリットがあることを伝えなくてはいけません。価格のお得感に加えて、毎回注文の煩わしさの解消や、さらには、その商品が定期的に送られてくることによる長期的な効果やメリットなど、定期購入の良さをわかりやすく伝えることが大切です。

途中解約の対応には万全の準備を

定期購入を止めさせない工夫としては、お客さんに「不必要だ」と思われないことです。健康食品であれば効果・効能、アパレル品であれば商品が届く楽しさなど、毎月商品が届くメリットを明確にさせることが、定期

購入の継続につながっていきます。また、商品と一緒に、内容が面白いダイレクトメールを同封したり、毎月興味深い新商品が発売されたりすると、お客さんも定期的に届く商品以外に興味を持ってくれるようになるので、定期購入の継続期間はさらに伸びるはずです。

　なお、定期購入を途中解約した際が、一番トラブルが発生しやすいところです。お客さんが商品に不満を抱えているところに加えて、返金や返品のトラブルが起きると、二重にお客さんの怒りを買ってしまいます。そのため、途中解約の対応マニュアルは事細かく制作して、ミスをできる限り少なくするよう心がけておいたほうがいいでしょう。

定期購入はカートの作り込みの"気合い"がポイント

ここがポイント！

　一般的なネットショップの場合、1個ずつ商品を購入することが"定番"で、定期購入することのほうが"イレギュラー"になっているところがあります。そのため、ページの作り込みはどうしても1個購入を優先して構成してしまうところがあります。しかし、そのようなページを作ってしまうと、お客さんも「定期購入がイレギュラー」だと思ってしまい、なかなか申し込んではくれません。そうならないためにも、売り手側は「定期購入こそ、うちの商品の本当の良さがわかるものなんだ！」と力強くアピールした売り方をしなくてはいけないのです。

　たとえば、前ページの図の左のように、カートのそばで「1個購入」と「定期購入」を同じように並列してしまうと、購入する側はどうしても「1個買い」のほうがリスクが低いので、そちらのほうを選択してしまいます。しかし、図の右のように、明らかに定期購入イチオシのカートにすると、お客さんのほうも「これが一番お得だ」と判断してくれて、定期購入のほうを選択してくれるようになります。中途半端に「定期購入してくれたら御の字」という弱い気持ちではなく、「うちの会社は、定期購入以外はさせない！」ぐらいの強い気持ちを持って、ページを作り込むようにしましょう。

| 上級編 | CHAPTER 24 |

ホームページが模倣されても、まずは自分で解決することを試みる

著作権について争っても、損害賠償や慰謝料はほとんど請求できない

　商売をしていると、法的なトラブルに巻き込まれることが多々あります。お金のやりとりをしている以上、トラブルに対応するスキルは最低限身につけておいたほうがいいでしょう。

　ネットショップ運営でよく発生するトラブルは、サイトのデザインを模倣されるケースです。しかし、その多くは真似られた側の思い過ごしが多く、第三者が見てみると「ほとんど似ていない」と思ってしまうケースのほうが多かったりします。そのため、「真似られた！」と思ったら、まずはすぐに知人に相談して、客観的な意見を聞くことをおすすめします。

　もし、明らかにサイトのデザインやキャッチコピーが模倣されていることが確認できれば、メールで忠告文を出すことをおすすめします。そこでだいたいの会社は、謝罪して、そのデザインのページを下げてくれます。しかし、それでも下げない会社があれば、次のステップとして、電話をかけて、ページを下げてもらうよう交渉します。それでもページを下げない場合は、最後の手段として、内容証明書を発行して警告するようにしましょう。

　それ以上の展開になってくると、今度は弁護士を使った裁判という話になってしまいますが、そのような事態にまでこじれてしまった場合は、深追いはせずに、ほどほどのところで手を引いたほうがいいと思います。また、ホームページは宣伝媒体なので、著作権について争っても、損害賠償や慰謝料はあまり多く請求できないのが現状です。そこまで深追いして訴えても模倣ページを下げないということは、かなり常識のない経営者の可

能性が高いので、それ以上はあまり相手にしないほうがいいと思います。

　逆に自分が訴えられた場合は、素直に非を認めて謝罪することをおすすめします。たまたま作ったページのデザインが似てしまうケースは多々ありますので、その場合はすぐに謝罪すれば大事にはなりません。

商品や商標の模倣に関しては、弁護士に頼んで慎重に対応すべき

　ただし、商品や商標の模倣に関しては、商品そのものの処分やパッケージ商品の破棄につながるので、慎重に対応したほうがいいと思います。先方が弁護士を使って争ってきた場合は、自分たちも弁護士をつけて争ったほうが、フェアな結論が出やすくなります。「弁護士費用がもったいないから」と言って、素人が果敢に争いごとに首を突っ込んでしまうと、たいてい痛い思いをするケースのほうが多いものです。ここはお金をケチらず、弁護士に頼んで争いごとを処理してもらうようにしましょう。

　なお、弁護士の探し方ですが、特に「ネットショップ運営の法律にくわしい弁護士」というのは存在していません。そのため、どの弁護士に依頼しても、トラブルの解決には大きな差はないと思います。知り合いに紹介してもらったり、ネットで探したりするのもいいですが、商工会議所などに相談すると、地元で融通のきく弁護士を紹介してくれる場合もあるので、一度問い合わせてみることをおすすめします。

| 上級編 | CHAPTER 25 |

販促イベントの積極的な開催は、SNSとSEOの強化にもつながる

企画しないと、お客さんとの接触機会が減り、コンテンツの数も減ってSEOでも不利に

　楽天市場やAmazonのように、モール側が販促イベントを積極的に展開すれば、ネットショップ側は労せずに、そのイベントを目的としたお客さんを集めることができます。しかし、自社サイトは、自らそのような企画を開催しなければ、販促イベントに便乗した売上を作ることができません。そのような事情から、自社サイトは、1年間を通じて定期的に販促イベントを開催して、自ら売上に加速をかける売り方をしていかなくてはいけません。

　販促イベントを多数開催することには、多くのメリットがあります。まず、販促イベントが多いと、その分お客さんに発信する情報の量が増加します。そうなると、ブログやFacebookのコンテンツが増えて、お客さんとの接触機会も増えるので、優良顧客になるスピードが加速していきます。また、販促イベントが定期的に開催されるようになると、お客さんが次のイベントを楽しみに待つようになり、自然と囲い込みがしやすくなる環境が整います。

　反対に、販促イベントが少なくなってしまうと、情報発信量も少なくなるので、当然コンテンツの数が減ってしまいます。そうなると、お客さんとの接触頻度が下がるだけではなく、コンテンツ記事が減ってしまい、SEOの面でも不利になってしまいます。小さなネットショップであれば、なおさらお客さんとの濃厚なつながりが必要になるので、積極的に販促イベントを開催して、コンテンツを増やすことに力を入れていったほうがいいでしょう。

最低でも半年ぐらい前から動き出さなければダメ

　販促イベントの内容に関しては、わかりやすくてシンプルなモノを開催するようにしましょう。2〜3週間に1回ぐらいのペースで開催すると、お客さんの記憶にも残りやすく、「あそこのネットショップに行けば、なんかやっている」という印象を与えることができるようになります。

　ただし、ネットショップの販促イベントは、商品の仕込みからページ制作まで手間がかかるので、長い準備期間が必要となります。最低でも半年ぐらい前から動き出さなければ、満足度の高い販促イベントを展開することはできないと思ったほうがいいでしょう。できる限り、早めに行動を起こすことを習慣づけてもらえればと思います。

　このように、商品点数を増やさず、広告費をかけずに売上を伸ばしていくためには、販促イベントにできるだけお金をかけず、代わりに時間と手間をかけるしか方法はありません。販促イベントの回数と売上は比例しているところがありますので、地道にファンづくりのイベントを開催して、お客さんを取り込んでいくようにしましょう。

1月の検索キーワードのトレンド

小売り	「お年賀 のし」 「福袋 大きい」 「成人式 お祝い」 「お名前シール」 「一人暮らし インテリア」	「福袋 中身公開」 「2015 福袋」 「雛人形 ケース」 「幼稚園バッグ」
食品	「七草粥 レシピ」 「恵方巻き」 「生チョコ」 「ボルシチ レシピ」 「タラバガニ 解凍」 「小松菜 レシピ」	「豆まき」 「チョコレート バレンタイン」 「湯豆腐 レシピ」 「毛ガニ 茹で方」 「酒粕 レシピ」 「正月太り」
ファッション・スポーツ	「レディース 福袋」 「振袖 成人式」 「サーキュラースカート」 「ノーカラー ジャケット」 「卒園式 スーツ」 「コサージュ 入学式」 「スノーボード 初心者」	「成人式 スーツ」 「フリルブラウス」 「スプリングコート」 「スマホ手袋」 「卒業式 150」 「スキー ウエア」

【傾向】

「福袋」のキーワードは、メーカー名やブランド名と組み合わせた検索が多く見受けられる。
「正月太り」のキーワードから、ダイエット食の販売も面白い。
ファッションは、卒業式、入学式関連が人気キーワード。成人式のお祝いギフトも需要あり。
お客さんを低コストで集められる販促イベントとして、七草粥作り教室などを開催してみては。

2月の検索キーワードのトレンド

小売り	「ホワイトデー お返し」 「男性用 財布」 「入学祝い」 「筆箱 男の子」 「マスク 日本製」 「引っ越し 挨拶 粗品」 「雪かき 道具」	「ホワイトデー プレゼント」 「ひな人形 ミニ」 「通園バッグ ショルダー」 「マスク 子供」 「保湿 美容液」 「すのこベッド シングル」 「長靴 雪」
食品	「恵方巻き 方角」 「鬼のお面」 「バレンタインチョコ 人気」 「ブラウニー レシピ」 「ちらし寿司 ひな祭り」 「ひな祭り お菓子」 「寄せ鍋 レシピ」 「菜の花 レシピ」	「恵方巻き レシピ」 「節分 いわし」 「生チョコの作り方」 「スイーツ ホワイトデー」 「ひな祭り ケーキ」 「だいこん レシピ」 「桜餅」 「山菜」
ファッション・スポーツ	「卒園式 服装 ママ」 「スプリングコート レディース」 「シフォン ワンピース」 「白 コーディネート」	「コサージュ 卒業式」 「トレンチコート」 「春 ブーツ」

上級編　月商100万円以上でもまだまだ売上を伸ばす極意

【傾向】

ホワイトデーのお返しで悩む男性客の消費が浮き彫りに。「ひな人形 ミニ」のキーワードが上昇するのは、住宅事情のためか。

食品では、恵方巻きが人気。ひな祭り関連の食品で検索している人が多くいることに注目したい。ひな祭りの料理レシピ集などは、食品関連のネットショップのコンテンツとして重宝される可能性あり。

ファッションでは、春物が注目。

3月の検索キーワードのトレンド

小売り	「ホワイトデー お返し 人気」 「ピンクゴールドネックレス」 「洗濯機 ランキング」 「退職祝い」 「花粉 メガネ」 「バーベキュー コンロ」	「ホワイトデー 手作り」 「ひな人形 ミニ」 「送別会 プレゼント」 「花粉 マスク」 「空気清浄機 ランキング」
食品	「ひな祭り メニュー」 「ひな祭り ケーキ」 「桃の節句」 「ちらし寿司 ひな祭り」 「ひな祭り お菓子」 「桜えび」 「桜餅」 「じゃがいも 植え方」	「ひな祭り レシピ」 「ちらし寿司 ひな祭り」 「お花見 お弁当」 「ひな祭り ケーキ」 「いかなごの釘煮」 「山菜 天ぷら」 「おはぎの作り方」 「じゃがいも 栽培」
ファッション・スポーツ	「春物」 「コットン ジャケット」 「オープントゥ パンプス」 「謝恩会 ドレス」	「ネイル 春」 「レース ブラウス」 「男性ストッキング」 「アウトドアコート」

【傾向】

「ホワイトデー」のキーワードに「人気」「ランキング」「特集」の複合キーワードが増えているのは、手っ取り早く情報を収集したい男性心理の表れ。送別会や退職祝いのプレゼントで悩んでいる人も多いことがわかる。
食品では、じゃがいも関連のキーワードが増えるところにも注目。
ファッション関連では、謝恩会のドレスで悩む消費者が増える傾向にある。

4月の検索キーワードのトレンド

小売り	「習字道具セット」 「名刺いれ」 「バーベキュー コンロ」 「母の日 プレゼント ランキング」 「日焼け止め」	「引越し 挨拶 ギフト」 「スーツケース」 「ピクニック バスケット」 「日傘 折りたたみ」
食品	「イースター お菓子」 「柏餅」 「タケノコ レシピ」 「新じゃが レシピ」 「おにぎりケース」	「イースター エッグ」 「たけのこ 保存」 「わらびのあくぬき」 「遠足 お弁当」 「花見 弁当」
ファッション・スポーツ	「コットン ジャケット」 「オープントゥ パンプス」 「野球手袋」 「サッカー トレーニングシューズ」 「卓球 ラケット」 「サングラス メンズ 人気」 「水着フィットネス」	「レース ブラウス」 「男性ストッキング」 「レインスーツ」

【傾向】

「習字道具」「卓球 ラケット」などの、子どもの入学関連で「近くで売っていないもの」の需要が高まる。「母の日 プレゼント ランキング」からは、母の日に何を贈っていいのかわからない人が多いことが鮮明に。
食品では、「イースター」のキーワードが上昇しているところに注目。
ファッションでは、「レインスーツ」のキーワード登場で、梅雨シーズン到来の動きがある。

上級編　月商100万円以上でもまだまだ売上を伸ばす極意

5月の検索キーワードのトレンド

小売り	「母の日ギフト 人気」 「父の日プレゼント 人気商品」 「父の日プレゼント 手作り」 「除湿機」 「サングラス 偏光」 「日焼け止め ランキング」 「ビニールプール 大型」 「制汗剤」	「カーネーション 母の日」 「修学旅行 バッグ」 「遮光 日傘」 「サングラス メンズ 人気」 「サンシェード」 「アウトドア テント」 「汗取りインナー」
食品	「梅酒の作り方」 「らっきょう漬け」 「こどもの日 レシピ」	「梅干し」 「イチゴジャムの作り方」 「バーベキュー レシピ」
ファッション・スポーツ	「アロハシャツ メンズ」 「サンダル レディース 歩きやすい」 「かごバッグ ショルダー」 「レインブーツジュニア」 「水着 レディース タンキニ」 「ビーチサンダル レディース」	「ツナギ 半袖」 「レインコート レディース」 「レインパンプス」 「体型カバー 水着」

【傾向】

「父の日プレゼント 手作り」のキーワードが上昇しているのは、「手作りっぽいプレゼントを渡したい」という子どもの見栄の部分の表れでもある。
食品では、バーベキューのレシピに悩んでいる人が多いのもこのシーズンの特徴。
ファッションでは、「体型カバー 水着」という悩みごとのキーワードが絡んだ商品に注目が集っている。また、ここには記載していないが、麦わら帽子、メッシュジャケットなどの夏素材の検索が増加している点も見逃せないポイント。

6月の検索キーワードのトレンド

小売り	「父の日プレゼントランキング」 「父の日プレゼント 手作り」 「夏祭り 景品」 「お盆 提灯」 「防水バッグ」 「日傘 晴雨兼用」 「業務用エアコン クリーニング」 「浮き輪 大人用」 「ウェルカムボード ブライダル」 「スリッパ 夏用」	「父の日 花」 「七夕飾り 折り紙」 「お中元 ギフト」 「16本骨 傘」 「乾燥除湿機」 「アームカバー メンズ」 「ネッククーラー」 「結婚式 プチギフト」
食品	「父の日 ビール」 「冷やしうどん」 「枝豆 茹で方」 「オクラ レシピ」	「冷製パスタ」 「かき氷」 「ズッキーニ レシピ 人気」
ファッション・スポーツ	「キッズ浴衣」 「半袖 yシャツ」 「子供 サンダル」 「男性用レインブーツ」 「水着 大きいサイズ」 「水泳 ラップタオル」	「浴衣 130」 「ノースリーブ ブラウス」 「麦わら帽子 メンズ」 「水着レディース タンキニ」 「水着体型カバー」

【傾向】

梅雨のシーズンということもあり「16本骨 傘」「日傘 晴雨兼用」の検索キーワードが浮上。「大人用 浮き輪」も面白いキーワードのひとつである。
食品では冷たい食品が人気。
ファッションでは、「男性用レインブーツ」の検索キーワードが人気で、レインブーツが男女問わず人気になっていることがわかる。

上級編　月商100万円以上でもまだまだ売上を伸ばす極意

7月の検索キーワードのトレンド

小売り	「祭り用品」 「お盆玉」 「ふわふわかき氷機」 「アームカバー メンズ」 「乾電池式扇風機」	「お中元 ビール」 「ビアサーバー」 「メンズ 日傘」 「サンシェード 車」 「クールマット」
食品	「土用の丑の日」 「夏のおやつ」 「流しそうめん器」 「ゴーヤ レシピ 人気」	「うなぎ 価格」 「冷汁」 「冬瓜 レシピ」
ファッション・スポーツ	「子供ゆかた 130」 「キッズ ゆかた」 「甚平 130」 「モロッコ かごバッグ」 「扇子 男性用」 「甚平 キッズ」 「アロハシャツ S」 「リネン ブラウス」 「ワイヤービキニ」 「水着 4点セット」	「ゆかた 髪飾り」 「甚平 女の子」 「厚底 サンダル」 「メンズ 麦わら帽子」 「甚平 レディース」 「ビンテージ アロハ」 「ショートパンツ メンズ」 「メッシュ キャップ」 「タンキニ」 「スイムパンツ」

【傾向】

「お盆玉」という夏の"お年玉"に変わるキーワードが登場。子どものおもちゃなどの消費が増える可能性あり。「乾電池式扇風機」というのも、オフィスワーカーに人気のキーワード。
食品では、「流しそうめん器」というユニークなキーワードも。
ファッションでは、浴衣、甚平関連のキーワードに注目。

8月の検索キーワードのトレンド

小売り	「ランドセル 人気」 「防災食」 「敬老の日 プレゼント」	
食品	「お盆 お供え」 「みょうが レシピ」 「ゴーヤ 佃煮」 「スムージー レシピ」	「初盆 お供え」 「冬瓜 レシピ」 「夏のおもてなし料理」 「バーベキュー 食材」
ファッション・スポーツ	「ツイード」 「カウチンセーター」 「ダウンコート レディース」 「水着 体型カバー 大きいサイズ」 「登山 レインウェア」	「ファー バッグ」 「ニット帽」 「シープスキンブーツ」

上級編　月商100万円以上でもまだまだ売上を伸ばす極意

【傾向】
ここには記載していないが、夏休みの宿題関連のキーワードでは、「自由研究　小学生　6年生」「自由研究　キット」「夏休み　工作」「読書感想文　書き方」「自由研究　まとめ方」などが上昇。これらのキーワードに関連したイベントや商品は集客力が高まる可能性あり。
食品では、お休み関連のキーワードが上昇。お盆休みのお供えものや料理などに注目が集っている。
ファッションでは、登山関連のキーワードが目に付く。

9月の検索キーワードのトレンド

小売り	「雨具 レインコート」 「おいしい 非常食」 「敬老の日 プレゼント 人気」 「敬老の日 人気ランキング」 「スマホ 手袋」 「ランチボックス 運動会」 「こたつ布団 正方形」 「カーボンヒーター」 「羽毛布団 シングル」 「魔女 コスプレ」 「クリスマスリース」	「防災グッズ セット」 「非常用電源」 「敬老の日 花」 「すすき」 「ブーツキーパー」 「ピクニック お弁当箱」 「こたつ120」 「足元ヒーター」 「大人用 ハロウィン 衣装」 「クリスマス用品」 「サンタ コスプレ」
食品	「和菓子 ギフト」 「月見団子」 「栗ごはん」 「さんま レシピ」 「松茸ご飯 レシピ」	「おはぎの作り方」 「栗の渋皮煮」 「さつまいも レシピ お菓子」 「新米」 「ハロウィン お弁当」
ファッション・スポーツ	「タータンチェックスカート」 「キルティングコート レディース」 「婚約指輪 オーダー」 「スキーウエア」 「スノーボード プロテクター」 「七五三 着物」	「ベスト ニット」 「結婚式 ドレス お呼ばれ」 「スノーボード 板」 「七五三 母 服装」 「七五三 草履」

【傾向】
「おいしい 非常食」というキーワードは斬新な切り口。年末に向けたキーワードが増えているところにも注目したい。
食品では、「栗」「さんま」「松茸」などのキーワードが上昇。
ファッションでは、七五三関連の服装に悩みを抱える消費者が多いことがわかる。

10月の検索キーワードのトレンド

小売り	「仮装 ハロウィン 子供」 「クリスマスプレゼント 子供」 「クリスマスオーナメント」 「ハイタイプ こたつ布団」 「電気 毛布」 「床暖房」 「除雪機」 「静電気除去 ブレスレット」	「折り紙 ハロウィン」 「サンタクロース 衣装」 「手帳 ケース」 「セラミックファンヒーター」 「電気カーペット」 「雪かきスコップ」 「防寒パンツ」 「パソコン 秋冬モデル」
食品	「ハロウィン レシピ かんたん」 「スイートポテト レシピ」 「あんこう鍋」 「大根 レシピ」	「さつまいも 人気」 「干し柿」 「鍋焼きうどん」
ファッション・スポーツ	「七五三 5歳 フルセット」 「髪飾り 七五三」 「タートルニット」 「ボアコート」 「メンズ 靴 ブーツ」	「七五三 3歳 着物」 「七五三 母 服装」 「ニット パーカー」 「フード付きコート」 「イヤーマフラー」

【傾向】

ハロウィン関連のキーワードがダントツ人気。暖房、防寒関連のキーワードにも注目。
食品では「さつまいも」「鍋」が二強。
ファッションでは、引き続き七五三関連のキーワードに注目が集まる。

上級編　月商100万円以上でもまだまだ売上を伸ばす極意

11月の検索キーワードのトレンド

小売り	「サンタ コスプレ レディース」 「クリスマスプレゼント 彼氏」 「クリスマスソーラーイルミネーション」 「グローブ 防寒」 「システム手帳 A5」 「205 65 16 スタッドレス」 「雪かきスコップ」 「サージカルマスク」	「ペアリング」 「スマホ 手袋」 「福袋 2016 予約」 「スノーダンプ」 「こたつ 取替えヒーター」
食品	「クリスマスチキン」 「白菜 浅漬け」 「キャベツ 大量消費」 「りんごケーキ ホットケーキミックス」 「ぶり大根 圧力鍋」 「クリームシチュー リメイク」 「おせち料理 早期割引」	「クリスマスケーキ チョコ」 「大根 そぼろあんかけ」 「たら ホイル焼き」 「しし鍋」
ファッション・スポーツ	「中綿ジャケット」 「メンズ チェスターコート」 「ストール カシミヤ」 「イヤーマフ」 「スキーウェア 160」	「ダウンジャケット メンズ L」 「男性用ブーツ」 「ネックウォーマー」 「スノーボード ステッカー」 「スキーキャリア」

【傾向】

「グローブ 防寒」「スマホ 手袋」などの手の寒さ対策のキーワードが上昇。
「おせち料理 早期割引」のキーワードが登場してくるところにも注目。
ファッションでは、「男性用ブーツ」が登場してくるところが、この時期ならではの傾向と言えるだろう。

12月の検索キーワードのトレンド

小売り	「嫁 クリスマスプレゼント」 「換気扇 掃除 洗剤」 「福袋 2016」 「加湿器 オススメ」 「雪かきスコップ」	「500円以下 プレゼント」 「お正月アレンジメント」 「パネルヒーター 電気代」 「寝袋 冬用」
食品	「ローストチキン クリスマス」 「一人 ケーキ」 「クリスマス ごちそう」 「冬至 かぼちゃ 小豆」 「おせち 昆布巻き」 「お雑煮 だし」 「カニクリーム パスタ」 「ぶり大根 めんつゆ」	「ミートローフ クリスマス」 「クリスマス 鍋」 「お歳暮 ギフト 食品」 「年越しそば レシピ」 「お正月 煮物」 「かに鍋 だし」 「ワタリガニ パスタ」
ファッション・スポーツ	「ムートンコート レディース」 「ダウンコート ロング レディース」 「ニットワンピース 秋冬」 「スキーウェア メンズ 上下セット」 「スノボ パーカー」	

上級編　月商100万円以上でもまだまだ売上を伸ばす極意

【傾向】

「嫁　クリスマスプレゼント」のキーワードから、妻へのプレゼントで悩んでいる男性消費者が多いことが伺える。「加湿器　オススメ」のキーワードが上昇するのは、性能がわからない消費者が多いからか。
食品では、やはりクリスマス関係のレシピが人気。カニ関連のレシピに悩んでいる消費者も多い。
ファッションではスキー関連のキーワードが上昇している。

【参考】ヤフーマーケティングソリューション
http://marketing.yahoo.co.jp/

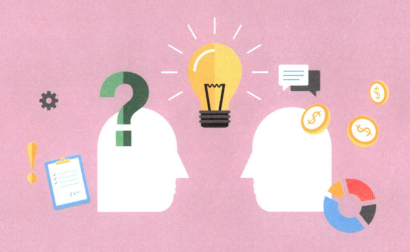

インタビューで読み解く
成功の秘密

自社サイトを運営している人同士では、交流する機会がなかなかないのが実情。ここでは、自社サイトを運営しているみなさんのナマのエピソードを参考にしながら、運営ノウハウを学んでいきましょう。ユニークな販売方法を展開するネットショップが次々に登場するので、ノウハウだけでなく、やる気やモチベーションアップの意味でも、ぜひ読んでください。

INTERVIEW 01

"本音"の座談会

「本当に自社サイトの運営は
ネットショップ最強の手段なのか？」

自社サイトは、個々が独立して運営していることもあり、なかなか情報交換の場がないのが実状です。そのため、お互いの自社サイトがどのような状況で運営されているのか、知る機会がほとんどありません。今回は、GMOメイクショップ株式会社の協力で、カートサービス「MakeShop（メイクショップ）」を活用している5店舗のネットショップ運営者に集まっていただき、自社サイト運営の"本音"を聞いてみることにしました。自社サイト運営の苦労話から、運営方法、さらには楽天市場やAmazonとの併用運用の話まで――いろいろな"ぶっちゃけトーク"をお楽しみください。

なぜ、自社サイトにこだわるのか

──まず、みなさんが自社サイト運営にこだわる理由を教えてください。
柄沢「やはり利益率ですね。モール側に手数料が多く取られてしまうと、その分、損益分岐点が上がりますから、経営が大変になってしまいます。やはりそういう面では、自社サイトは圧倒的に有利ですよ」
樋口「楽天市場の場合、カード手数料やポイントなんかを付け加えていくと、20％ぐらいの利用料が持っていかれる場合もありますからね。メールを配信するだけでもお金を取られますから」
栗田「うちは、元々がホテル業ということもあって、1人1人のお客様を大切にすることに重きを置いています。だから、楽天市場やAmazonのように、顧客情報を自分たちが自由に活用できないのは、ちょっと厳しいですね」
──やはり、自社サイトを運営すると、楽天市場と比較するところが出てきますよね。お客さんの質も自社サイトと違ったりするのでしょうか。
八巻「違いますね。楽天市場のお客さんは、やっぱり楽天市場でしか買わないところがありますよ。特に、ポイントに関しての意識はとても高いですね」
──そうなると、楽天市場から自社サイトへお客さんを誘導するのは難しそうですね。何か工夫されていることはありますか？
八巻「工夫ってほどではないですが、楽天市場のほうを、ほんのちょっとだけ価格を高く設定して販売しています（笑）。そうすると、安い自社サイトのほうで買ってもいいというお客さんが流れてきますから」
──それは面白い売り方ですね。

集客はどのようにしているか

──これから自社サイト運営を始める今井さんは、何か集客方法を考えたりしていますか？
今井「お恥ずかしながら、私、SEOのことがまったくわからないんです。だから、楽天市場からネットショップをスタートさせたところもあるんですね。逆に私から聞きたいんですが、みなさん、自社サイトの集客って、

どのようにやってますか？」

栗田「うちは、平仮名で『おとりよせ』という検索キーワードで上位表示を狙っていますが、なかなか上がってきませんね。なので、最近はグループ会社のサイトからコツコツ集客する方法に力を入れています」

八巻「うちは、SEOとリスティング広告とダイレクトメールを使って集客しています」

樋口「Facebookと実店舗ですね。あと、うちは楽天市場にもお店を出しているから、楽天市場のコンサルタントさんが定期的に会社にやってきてくれるんです。で、いろいろなノウハウを教えてもらえるから、それを自社サイトでも使ったりしていますね」

——それは、いろいろな意味で効率的ですね（笑）。

柄沢「うちのネットショップは、TwitterとLINE＠を集客ツールとして活用しています。スマホ経由で売れる比率が8～9割を超えているせいもあると思うんですが」

——スマホ率が高いですね。

柄沢「商品のターゲットが、スマホの利用者と相性がいいところが大きいと思います。SNSで告知して、お客さんのリツイートを拾ってあげて、それを丁寧な顧客対応でスマホサイトに誘導していくのが、うちの売り方です」

——LINE＠を活用しているネットショップというのも珍しいですね。

柄沢「LINEの場合、お客さんはひと言でメッセージを発信してくるんです。『かわいい』や『これ欲しい』みたいな感じで来るので、その言葉に対して丁寧に返答することからコミュニケーションをスタートし

株式会社ドゥッシュドゥッスゥ
代表取締役
樋口智也さん

ドゥッシュドゥッスゥ
http://www.dessus-d.com/

バレエ用品全般を取り扱うネットショップ。浅草と青山に実店舗を2店舗構える。ネットショップ運営は14年目のベテラン。オリジナル商品が9割を占めており「送料無料とセール販売はやらない」というポリシーの下、粗利率6割を維持して売上を伸ばし続ける。自社サイトのほかに、楽天市場、Amazon、Yahoo!ショッピングの3つのネットショップを運営する。

て、お客さんと信頼関係を作っていくことが大事だと思います」

―― なるほど。持ち前の「商品力」と、商品の良さを伝える「表現力」という強みがあってこそできる売り方ですね。ところで、みなさんはリスティング広告を使って集客したりしていますか?

八巻「うちは一応、やっていますが、あまり手を加えていませんね。昔よりも費用対効果が悪くなっていますし、自社サイトの場合、リスティング広告よりも売上が伸びる施策がたくさんありますから」

栗田「うちもそんな感じです。もし、会社側から広告費をこれだけ使っていいという条件を提示されても、ネット広告だけに使うことはないですね。紙媒体や電波媒体など、いろいろな広告の使い方を模索すると思います」

株式会社オールスタジアム
代表取締役
八巻宏さん

カレースタジアム
http://www.currystadium.com/

レトルトカレーの詰め合わせを販売するネットショップを運営。オリジナルカレーが売上の大半を占める。100個からオリジナルカレーの受注が可能で、ネットショップを通じて1～2万個のオーダーを受けることも多々あるという。ネットショップ運営歴8年。

オリジナルのものが売りやすいのも自社サイトの大きなメリット

―― 楽天市場と違って、自社サイトの場合は、どんな形であれ、会社に利益が出たらいいわけですからね。そう考えると、売上を作るやり方がたくさんあるのも、自社サイトの面白いところだったりしますよね。

栗田「売り方だけではなくて、商品に関しても、自社サイトはオリジナルのものが売りやすいメリットはあると思います。たとえばうちの場合、スキー場も運営しているので、リフトの早割りチケットをネットで販売したりしています」

―― それはユニークな商品ですね。やっぱり、みなさんもオリジナルの商品にこだわっているんですか?

バモラジャパン株式会社
代表取締役
柄沢雅之さん

Capana
http://www.capana.jp/

スワロフスキーの自社ブランドのサイトのほか、複数の自社サイトを運営。現在のネットショップは3年半しか運営していないが、以前は楽天市場をはじめ、多くのネットショップを運営してきた経験あり。広告費をいっさい使わず、SNSで販促戦略を展開。口コミ戦略を活用して、著名人にも愛用者が多い。

樋口「オリジナル品やオーダーメイド品を中心にやらせてもらっていますね。仕入れ品だと、やっぱり先が見えちゃうんですよ。がんばって売れる商品を見つけても、すぐにほかのネットショップにバレて真似されて……その繰り返しになってしまいますから」

──競争力という意味でも、オリジナルの商品があったほうがいいんですね。

運営ノウハウは どうやって学んでいるか

──ちなみに、みなさんは、最初からカートはMakeShopを利用されているんですか？

八巻「じつは、昔は別の会社のカートを使っていました。でも、売上が伸びてくると、やっぱり安いカートでは対応できなくなってしまうんです。それでいろいろなカートを試しに使ってみたら、MakeShopが一番機能が多くて使いやすかったので乗り換えることにしたんです」

今井「僕の場合、創業当時は無料のカートを使っていました。でも、対応などに不満があって、先のことも考えて、早めにMakeShopに切り替えました」

──カートひとつとっても、やはり情報収集は必要そうですね。ところで、みなさんは自社サイトの運営ノウハウは、どうやって学びましたか？

八巻「私はMakeShopが主催しているセミナーに参加して学びました。その後は、ブログを読んだり、ネットショップのコンサルタントのメルマガを読んだりして、ノウハウや最新情報を入手しましたね」

樋口「私は実店舗からノウハウを学ぶことが多いですね。お客さんが、どのような商品が欲しくて、どのように商品を買うのか、やはりお客さんの生の

声が聞けたり、買ったりするところを直に見られるのは大きいと思います」

——スマホサイトは、どのように作られていますか？

八巻「評判のいいスマホサイトをチェックして、そこのいいとこどりをして、自社のスマホサイトに反映させています。やはり、売れているスマホサイトには、それなりの理由がありますからね」

動画ならではの魅力を発揮させるには

——動画に関しては、何か取り組んでいることはありますか？

樋口「商品イメージを伝えるのならば、動画は必須のコンテンツになります。ドレスのひらひら感は、動画でなければ伝えることはできないですから」

柄沢「うちは、スワロフスキーの光り方を動画で観せています。動画で観せたほうが輝きがわかりやすいですし、シェアもされやすいですからね」

——柄沢さんのネットショップの動画は、ものすごくクオリティが高いんですが、やはり動画の質というのは大切なのでしょうか。

柄沢「動画のクオリティにはとてもこだわっています。どんな商材でも、写真では伝えきれない情報は動画で伝えることをオススメします。これからは、メイン画像に商品詳細はすべて動画、という見せ方があってもいいと思いますね」

栗田「私の運営するネットショップは、全国の名産品を販売するサイトなので、将来的には地域ならではの動画を紹介できればと思っています。たとえば、農家の人が大

株式会社東急リゾートサービス
運営企画部
売店購買グループ 主任
栗田勲夫さん

逸品おとりよせ
http://www.ippinotoriyose.jp/

従来はリゾートホテルの会員向けのネット通販サービスだったが、2015年より地域にある食材や工芸品を集める産直サイトにリニューアル。全国にある49の自社運営施設（スキー場、ホテル、ゴルフ場）から直接、名産品をネットショップにアップさせる仕組みを取り入れて、対前年比で売上を倍以上に伸ばす。ネットショップ運営歴8年。

根を引っこ抜いて『採れたぞー!』と叫んでいる動画なんかアップできれば、面白いコンテンツになるなぁと思っています」

人材についての考え方

――**ネットショップで働く人材は、どのように集めていますか?**

樋口「うちは新卒を採用していますね。MakeShopは操作がかんたんだから、若い人だったら、だいたい半年ぐらいで使い方はマスターしてしまうんです。あとは、家で仕事をしてくれる在宅のスタッフさんに仕事をお願いしたりしています」

柄沢「私は、人数そのものを少なくして運営することを心がけています」

――**業務の効率化ということでしょうか?**

柄沢「うーん、少しだけ違いますね。私の場合、ヒット商品を出すことに力を入れているんです。ヒット商品が出てくれたら、その商品だけが売れてくれるので、ほかの商品が売れなくなっても、売上を伸ばし続けることが可能になります。つまり、商品アイテムを絞り込むことができるので、結果、業務が効率化されて、少ない人数でも事業が回るようになるんです」

イルサ株式会社
代表取締役
今井淳一さん

イルサロット
http://www.ilsalotto.co.jp/

輸入車のオリジナルパーツをはじめ、英国製のおしゃれな消火器を販売。座談会に参加した時点で、まだ起業して4ヶ月目だが、すでに楽天市場では月商500万円を突破。これからオープンする自社サイトの運営方法を学ぶために、今回の座談会に参加。

自社サイトならビジネスの夢がどんどん広がっていく

――**最後に、今後の自社サイトの運営について、みなさんひと言お願いします。**

樋口「楽天市場もAmazonもYahoo!ショッピングも、どれも競争が厳しくなってきています。そうなると、やがて自社サイトの

売上もほかの3大モールとあまり変わらなくなってくるかもしれないと私は思っています。それを見越して、うちのネットショップは、実店舗との連携を強めて、さらにコアなお客さんを育てていこうと思っています」

柄沢「今後は、利益率を意識しながら、梱包資材に投資して、もっと口コミで広まるような仕掛けづくりに力を入れていきたいですね。あと、最近ではインスタグラム経由の売上も好調なので、そちらのほうの販促もがんばっていきたいと思います」

八巻「今後も、自社サイトの運営に注力していく予定です。やはり利益率も高いですし、サイトを構築する自由度も高いですから、アイデアがどんどん広がっていくんです。お客様との接点がたくさん作れるのも自社サイトの強みですからね。今後も、この利点を生かして売上を伸ばしていこうと思います」

栗田「お客様に便利に使ってもらいたいという思いがあるので、やはりカスタマイズに自由度がある自社サイトを活用していくつもりです。そうしなければ、リゾートで余暇を楽しむ富裕層のお客様に満足していただけるネットショップにはならないですからね。将来的には、ホテルの客室に注文した商品を届けるような、そんなサービスができればいいと思っています」

今井「みなさんの話を聞いて、今日はいろいろ勉強になりました。自社サイトをうまく活用すれば、ネットショップをカタログ代わりにして、見積書をすぐに提案するサービスなんか面白いんじゃないかなぁと思っています。そう考えると、自社サイトは自由度があって、ビジネスの夢がどんどん広がっていくと改めて思いました」

【聞き手】竹内謙礼

経営コンサルタント。本書の著者。楽天市場で2連続ショップ・オブ・ザ・イヤーの受賞経験あり。ネットショップ以外にも実店舗の販促に精通している。今回の座談会の司会進行役を務める。著書に『ネットで儲ける王様のカラクリ』(技術評論社)ほか多数。

INTERVIEW 02

成功者への単独インタビュー

「主婦1人で立ち上げた小さなネットショップが、
ママ雇用30名を生み
たくさんの百貨店で販売する人気店へ」

ネットショップ運営は、元手が少なくても開業できることもあり、昔から起業家に人気のビジネスです。ここでは、1人の主婦がネットショップ運営で成功した事例を振り返りながら、小資本でも自社サイト運営で成功するノウハウについて考察してみたいと思います。

【聞き手】竹内謙礼

たった5万円の元手でのスタート

——抱っこひものカバーを売り始めたきっかけを教えてください。

「当時、抱っこひもは大活躍していたのですが、使っていない時はダラーンと垂れ下がって格好悪いし、歩いて引っかかって危ない目に合うこともよくあって。エコバックに入れて持ち歩いても、出し入れが面倒なこともあって、なんとかならないかなぁって、ずっと不満を抱えていたんです」

——それで、ご自分で抱っこひものカバーを作られたんですか。

「裁縫は得意なほうだったので、とりあえず自分で作ってみました。すると、自画自賛でめちゃくちゃ便利でおしゃれにできた(笑)。それを自分のブログで公開したら、ものすごい反響があって、せっかくだから作り方をPDFにして、ダウンロードできるようにしたんです」

——なるほど、作り方を公開したんですね。

「そのPDFが、想像以上にダウンロードされて『もしかしたら、これは商売になるかも』と思って、そこから抱っこひものカバーを売ることを意識し始めました」

——ネットショップを始める際に、元手はいくらぐらいかかりましたか？

「5万円です」

——ものすごい少額ですね！

「家計を脅かさないぐらいの金額で、もし失敗しても迷惑をかけないかなと(笑)」

——周囲の反応はどうでしたか？

株式会社ルカコ　代表取締役
仙田忍さん

短大卒業後、歯科衛生士として10年勤務。その後、結婚、出産を経て、2012年10月、子どもが2歳の時にお小遣い5万円を元手に起業。起業1年目でママさんスタッフ30名を採用して事業を拡大して、2年目には月商650万円を達成。ネットショップ大賞2013年後期ベビー、キッズマタニティ部門総合1位受賞。近畿経済産業局主催、関西女性起業家ビジネスコンテストファイナリストとして登壇して、8社のサポートを受賞。第4回大阪府スタートアップビジネスコンテスト総合1位受賞。

ヒット商品の抱っこひもカバー

「応援してくれる人もいましたが、反対意見も多かったですね。『こんなものが売れるの?』とか『今までなくても大丈夫だったものが売れるのか?』とか。だから、「売れる!」「便利だし、たくさんの人に使ってもらいたい!」とそのくやしい想いを糧に、とりあえず生地を2000円で買ってきて、自分で作って売ることにしました」

半年で月商100万円超えの秘密とは

—— 出だしから売上の調子は良かったのでしょうか。
「昔からブログを書き続けていたこともあって、ブログのファン読者はけっこう多かったんです。その人たちが応援してくれて購入してくれたこともあって、スタートダッシュで調子よく売れてくれました。あと、商品名をわかりやすくしたことも、売れた要因につながったと思います」
—— 商品名ですか?
「抱っこひも収納カバー自体に商品名がなかったので、『ルカコ』と覚えやすく、耳に残りやすい名前にしました。そうしたら、一気にお客さんの間で広まっていきました。たとえば、病院の待合室なんかで、うちの抱っこひものカバーを使っていると、見たことないものであっという間に収納しているから、声をかけられる。で、『これ何ですか?』と聞かれたときに、そのお母さんが『ルカコっていうんです』って言うから、すぐに名前を覚えてもらって、検索されて売れるようになったんです」
—— 商品名って大事ですね。
「あと、商品の特性も大きかったと思います。ルカコは平均単価が2000円〜3000円ぐらいだったので、お母さん同士の出産祝いのプレゼントとしても使われやすかったところがあったんだと思います」

——たしかに。友達のお母さんの出産祝いだったら、適正な金額のところもありますからね。

「あと、出産関連のグッズは、常に新しいお客さんが入ってきてくれるので、新規顧客が絶えることがないのも大きかったと思います」

——そう考えると、売れる理由も納得がいきますね。

「運も良かったんだと思います。そんな感じで勢いよく売れていったこともあって、半年で月商100万円を超えていました」

「お母さんに喜ばれる職場」というブランド力で月商650万円を達成

——すごいですね。製造からホームページ制作まで、すべてお1人でやられていたんですか？

「パソコンは昔から好きだったので、製造からページづくりまで、全部1人でやっていました。育児をしながら、発送、電話問い合わせも1人で（笑）。けっこう、大変でしたよ」

——けっこうどころか、めちゃくちゃ大変ですよ。その後、スタッフは採用されたんですか？

「採用しました。でも、正社員ではなく、全員パートさんです」

——なぜ、パートさんの採用にしたんですか？

「せっかくお母さんのための商品を作ったんだから、お母さんに喜ばれるような職場を作ろうと思ったんです。労働時間を午前と午後に分けて、できるだけ短時間のパートにしました。そして、子どもが風邪をひいたら、いつでも会社に気を使わずに休めて、理由の如何を問わず休みやすい、みんなで助け合えるような職場にしたんです。女性は家族や地域に支えられ、その用事も

仙田さんは、小さいころからパソコンの操作には興味があった

多いですから」
——それは、子持ちのお母さんにとったら、うれしい条件ですね。
「そうなんです。最終的には、70人の応募がきました」
——そんなにたくさんきましたか！

さまざまなカラーバリエーションを実現

「そのうち、約30人を採用しました。そしたら、主婦の雇用を生み出す新しい職場づくりがマスコミの注目を集めて、テレビや新聞の取材を受けて、さらにルカコの認知度が上がりました」
——なるほど、お母さんに喜ばれる職場ということで、新たなブランド力がついていったんですね。
「その後は、スタッフが増えたことでルカコの抱っこひものカラーバリエーションも多い時で150種類、常時100柄以上まで増やすことができました。そのおかげで、月商で650万円まで伸ばすことができました」
——まさに急成長ですね。

> 長期の休みの時は、Amazonに商品を納めて、
> 全員が休めるようにする

——販売方法はネットショップだけでしょうか。
「百貨店の催事で販売することもありますが、売上の9割はネット通販を中心でやらせてもらっています。卸販売もほとんどやっていません。ちゃんと理解してもらわなければ価値がわかりにくい商品なので、やっぱりできるだけ自分たちの手で売りたいところはあります」
——自社サイト以外で販売しているところはありますか？
「Amazonを利用しています。夏休みとか冬休みとかに、メインで利用させてもらっています」

――なぜですか？

「Amazonには、倉庫から直送できるFBA（フルフィルメント by Amazon）があります。長期の休みの時は、パートのお母さんたちにも休んでもらいたいから、Amazonに商品を納めて、私たちは全員休むことにしているんです」

――それはユニークなAmazonの使い方ですね（笑）。前代未聞ですよ。

好きな売り方を自由にできる自社サイトは「楽しい」

――ちなみに、ネットショップを立ち上げる時、自社サイトか楽天市場かで悩んだりはしなかったんですか？

「悩みましたよ、かなり（笑）。でも、当時の楽天市場は、最初に先払いで40万円ぐらい支払わなくてはいけないから、5万円しか元手がない私には出店そのものが無理でした。あと、最初に出店をアプローチしてくださった楽天市場のスタッフさんが、サポートやタイミングがあわなくて。『このまま楽天市場に出店しても、ちゃんとフォローしてくれないんじゃないか』という不安が出てきて、結局、楽天市場でネットショップを出すのは止めることにしました。たまたまその担当の方との相性かもしれませんが」

――その後、売上が伸びてからも楽天市場に出店しようとは思いませんでしたか？

「それも悩みました。月商200万円ぐらいで売上が足踏み状態になった時に、楽天市場に出店している店長さんや社長さんに相談したんです。そしたら、『もう自社サイトでブランド力がついているんだから、無理して楽天市場に出店する必要はないかも』と、たくさんの方から参考意見をいただきました」

――たしかに、自分の力で「ルカコ」というブランド名の知名度を上げたのに、楽天市場で買われて、楽天市場に手数料を支払うのは、なんだかバカバカしいですからね。

「もし、自社サイトじゃなかったら、ここまでがんばってブランド力を身につけることもなかったと思います。売ってくれるのが楽天市場になってし

まうと、やっぱりどこかで甘えてしまったところはあったと思います」

――今後も、やっぱり自社サイトで売り続ける予定ですか。

「そうですね。利益はちゃんと出したいし、好きな売り方を自由にできる自社サイトは、やっぱり楽しいです。逆に、ほかのショッピングモールに出店したら、もっと売れるかもしれないけど、競合の多いマーケットで売れすぎると、今度は模倣品が出やすくなるかも。何もないところから、コツコツ自社サイトを作って育てて、お客様へ届けてきたからこそ、よかったのかもしれません。ブランド力を育てて、お客様が『ここで買いたい！』と思ってくださる売り方ができればいいなぁと思います。そのときで状況や考え方は変わるかもしれませんが（笑）。私のように、自分のペースで、小さいところから育てていく、『ここで買いたい！』というファンを作って楽しむのが好きな人は、自社サイトで売っていくのがおすすめかもしれません」

おわりに

　最後まで本書をお読みいただき、本当にありがとうございました！
　300ページ近い本を読むことは、相当大変だったと思います。冒頭で述べたとおり"最後まで読む"というハードルを乗り越えたことに対して、著者として大きな拍手を送りたいと思います。
　本当におつかれさまでした！

　自社サイトの攻略本を書き終わって、最初に思ったことは、「商売って何だろう？」という素朴な疑問でした。
　商売とは、お金を稼ぐことです。そして、ネットショップ運営という商売で、お金を稼ぐだけが目的であれば、楽天市場やAmazonのほうがもしかしたら効率よくお金を稼ぐことができるかもしれません。
　しかし、ショッピングモールのネットショップ運営には、とてつもない苦労がつきまといます。厳しいルールに縛られて、顧客情報も手に入らず、いつ手数料を値上げさせられるか、ビクビクしながら商売をしなくてはいけません。広告費もかかりますし、価格競争にも巻き込まれます。常に大変な思いをしながら、お金を稼ぎ続けなければいけないのです

　そこで、あらためて思うわけです。「商売って何だろう？」と。

　なぜ、こんなに苦労をしてまで、商売を続けなくてはいけないのでしょうか。
　お金を稼ぐために苦労することは当然だと思います。でも、今のショッピングモールのネットショップ運営の苦労は、むしろ"苦行"と言ってもいいぐらいのレベルのものになっています。これでは、お金を稼ぐために苦労をしているのではなく、「苦労をしているから、お金を稼がなくてはいけ

ない」という、目的と手段が真逆の状態になっているのではないかと思ってしまいます。

　今回、自社サイトというビジネスモデルをもう一度振り返ってみました。そこには、ショッピングモールのネットショップ運営とは違った「商売」の世界が存在していました。利益率重視の経営で、無理な価格競争にさらされず、自分たちの熱い思いがこもった商品を、適正価格で、好きなように販売する ── 自社サイトには、そのような"自由"がたくさん存在していました。そして、その自由を楽しむ商売人と、その自由を愛してやまないお客さんに囲まれた自社サイトのネットショップ運営は、楽園のようにも見えました。
　もちろん、自社サイト運営には、自社サイト運営なりの大変な苦労があるのも事実です。しかし、その苦労は「お金を稼ぐための苦労」であって、「苦労をしているからお金を稼いでいる」商売人とは、明らかに幸福度が違うように思いました。

　今後、ネットショップ業界はさらに競争が激化していくことが予想されます。
　Amazonはさらに勢いをつけて、商品点数、商品力、価格の面で、地球上にあるネットショップをすべて駆逐するつもりで、大きな勝負を仕掛けてくると思います。
　楽天市場も負けてはいないと思いますが、昔のように広告を使えば爆発的に商品が売れるような時代は終わりました。メルマガを流せば面白いように商品が売れて、テレビ広告を使って大々的なセールを告知すればサーバーが落ちるほどにアクセスが集めることは、今後は難しいのかもしれません。
　そうなると、ネットショップの出店者に対して、何かしらの負荷が発生する可能性は十分にあると思います。今までネットショップの楽園のようなところだった楽天市場も、Amazonや無料化したYahoo!ショッピングの台頭によって、少しずつ、その様相が変わっていくでしょう。

そう考えると、ショッピングモールからインターネットの大海原に飛び出して、自社サイトという新しい楽園を自分たちで作り上げるのも、面白いかもしれません。

外部リンクも自由。
電話番号の掲載も自由。
実店舗も自由。
売上はほぼ総取り。
顧客リストもすべて自分のもの。

年々上昇していく課金に恐怖を感じながら仕事をする必要はありませんし、突然ルールが変わる恐ろしさともサヨナラです。
　そんな自由な楽園を作るために、本書が"設計図"のような役割になってくれれば、著者としては大満足です。

　ここでちょっとだけ私、竹内謙礼の話をさせてください。
　私は「タケウチ商売繁盛研究会」というビジネス研究会を主宰しています。その会では、日々のネットショップ運営のアドバイスを、メールや電話にて行っています。

「Facebookを使ってお客さんを集めたい」
「ネットショップから実店舗にお客さんを呼びたい」
「売上を伸ばすために、何をやったらいいんでしょうか」

などなど、ネットショップ運営に関する相談を、かれこれ10年以上続けています。自社サイトのネットショップ運営に困ったら、遠慮なく、タケウチ商売繁盛研究会に入会して、私に相談してもらえればと思います。
　また、本書を読んで「自社サイトを始めるぞ！」「MakeShopにカートを切り替えて、最強の自社サイトを作るぞ！」と思ったあなた。ぜひ、私のホームページに一度アクセスしてみてください。「竹内謙礼」という名前で

検索したら、すぐにたどり着くことができます。そこでは、自社サイト運営に役に立つ、本書の読者限定の特典プレゼントを用意してお待ちしております（笑）。期待して、私の公式サイトまで遊びに来てください。

それと、もしよろしければ、私が配信しているメールマガジンも、ご一読いただければうれしく思います。「ボカンと売れるネット通信講座」というタイトルで、ネットショップ運営や売上アップに役立つ話を、週に1回、がんばって配信しています。もちろん、購読料は無料です。かれこれ、休まず10年以上も配信しており、すでに読者は1万人に達しています。魂を込めて「みなさんの売上が伸びますように！」と願いを込めて書いています。もしよろしければ、一度ご覧になってください。Facebookのお友達申請もお待ちしておりますので、遠慮なく、申請してください。基本、どなたさまもウェルカムなコンサルタントなので。

最後に。

あなたが自社サイト運営をしていくなかで、もし辛くて大変な出来事が起きてしまったら、ぜひ本書を思い出してください。ペラペラとめくっていけば、辛くて大変なことを乗り越えていくための知恵と勇気が湧いてくる話が必ずどこかに書かれているはずです。本書をお守りのように大事に本棚にしまって、受験参考書のように、ボロボロになるまで使い倒してもらえれば、うれしく思います。

思う存分自社サイトの売上を伸ばすために、本書を踏み台にしてください。

竹内謙礼

索引

英字

A/Bテスト	214
Amazon	12, 14, 28, 39, 75, 102, 130, 152
BtoB	40, 47, 49
Facebook	26, 28, 30, 89, 103, 112, 118, 130, 137, 172, 175, 177, 180, 187, 189, 191, 219
Facebook広告	183
Google Analytics	140
Instagram	189, 190
LINE	28, 89, 167, 189, 193, 194
MakeShop	262
OtoO	29
Q&Aサイト	121, 161
SEO	25, 35, 96, 101, 106, 121, 153, 159, 169, 178, 182, 199, 207, 210, 232, 236, 238, 246
SNS	79, 89, 103, 172, 178, 187, 190, 246
SNSの販促の特徴	189
Twitter	30, 89, 103, 187, 189, 191
WordPress	102

あ行

アクセス解析ツール	140
アクセス数	23, 140, 216
アフィリエイト	235
イラスト	127
インスタグラム	189, 190
売れない理由	109
お客様の声	70
お中元・お歳暮	81
卸販売	35, 47

か行

カート	167, 242
外注	224
カタログ	88
企画で売る	26
ギフト対応	81
客単価	143, 149
キャッチコピー	35, 37, 53, 153, 165, 201
キャプション	67
キャラクターゾーン	75
キャンペーン	81, 187
教育	221
競合他社	124
距離にプレミアム感をつける	77
グーグルアナリティクス	140
グッドキーワード	100, 161
決済システム	223

検索キーワード 35, 98, 106, 153, 159, 196, 211, 232, 238
検索キーワードのトレンド .... 248 〜 259
広告 25, 182, 198
コンテンツ 35, 112, 121, 233, 246

さ行

在庫管理 23
仕入れ型ビジネス 22
自社サイト 12, 14
自社サイト運営の目的 16
システム 23, 222
実店舗 17, 28, 35, 76, 84, 156
写真 37, 51, 60, 64, 73, 76, 85, 167, 175, 181, 190
写真コンテンツの配置 66
集客 14, 88, 114, 121, 143, 190, 215
受注管理 23, 222
商標 245
商品購入までのプロセス 87
商品説明文 44
商品点数 22, 168
商品ページ 36, 81, 165, 166
商品名 103
商品力 216
女性客 94
人材採用 218
スタッフ 73, 85, 119, 224
スマホ 45, 79, 104, 116, 127, 162, 167
セール 130, 155
世界観 27
接客メール 144
先行予約販売 81
戦略 16, 20, 213, 215, 227
送料無料 149
組織拡大 229
損害賠償 244

た行

大量購入 35, 47
ダイレクトメール 103, 137
著作権 244
チラシ 88, 90, 103
定期購入 241
テストマーケティング 148, 204
転換率 215
電話番号 35, 44, 97, 104, 156, 165, 167
問い合わせ 105
動画 37, 78
トップセラー 147
トップページ 34, 81, 164
ドロップシッピング 148

な行

- 値上げ ... 137
- ネットショップ運営のパターン ... 19
- のし ... 35, 81, 105, 165

は行

- パン屑リスト ... 167
- 販促 ... 28
- 販促イベント ... 246
- 販促物 ... 90
- パンフレット ... 90
- ビジュアル ... 127, 190, 238
- ファンづくり ... 116, 176, 186
- 付加価値 ... 152
- 複数店舗運営 ... 39, 232
- プレスリリース ... 103, 207, 210
- ブログ ... 26, 50, 112, 178, 187, 210, 219
- 文章 ... 51, 55, 58
- ページ改善策 ... 23
- ポイント ... 135
- 法人 ... 47
- ボタン ... 105, 165, 167

ま行

- マンガ ... 127
- メーカー ... 30
- メール共有ソフト ... 223
- メッセージカード ... 81
- メルマガ ... 115, 118, 130, 137, 178, 187
- モール ... 75
- モチベーション ... 92
- モニターサービス ... 70
- 模倣 ... 244

や行

- 読みやすいサイトの作り方 ... 59

ら行

- 楽天 ... 12, 14, 28, 39, 75, 96, 102, 130, 135, 155
- ラッピング ... 81
- ランディングページ ... 199
- リスティング広告 ... 178, 196, 199, 205, 207, 210, 236, 238
- リニューアル ... 44, 213
- リピート ... 84, 135, 144
- リマーケティング広告 ... 203, 205
- リンク ... 163
- レスポンシブ対応サイト ... 162
- レビュー ... 70

わ行

- 訳あり商品 ... 133
- 割引サービス ... 70

👑 ネットショップ運営が小説でスラスラ理解できる！

👑 ネットビジネスの"裏側"がストーリーでわかる！

👑 読むとさらにネットショップの売上が伸びる！

いまさら聞けない
Webマーケティングの基本がまるわかり！

ネットショップの店長・コンサルタントとして数多くの実績を持つ著者だから書けた、IT業界のリアルと売上アップのノウハウがみるみるわかる新感覚ビジネスノベル！

ネットで儲ける王様のカラクリ
物語でわかるこれからのWebマーケティング

竹内謙礼 著

四六判／256ページ　定価（本体1,580円＋税）
ISBN 978-4-7741-5606-4

竹内謙礼 (たけうち けんれい)

1970年生まれ。有限会社いろは代表取締役。

大学卒業後、出版社、観光施設の企画広報担当を経て、2004年に経営コンサルタントとして独立。楽天市場において2年連続ショップ・オブ・ザ・イヤーを受賞した他、数多くのネットビジネスの受賞履歴あり。ネットショップ運営を中心にしたコンサルティングに精通しており、個人事業主のネットショップ運営から大企業のネット通販事業まで、幅広くノウハウを提供している。現在、低価格の会員制コンサルティング「タケウチ商売繁盛研究会」の主宰として、150社近い企業に指導。初心者からベテランまでのネットショップ運営者にむけてわかりやすいアドバイスには定評がある。

全国各地の商工会議所や企業にて精力的にセミナー活動も行う。また、経済誌や専門誌への連載や寄稿のほか、日経MJにおいて、毎週月曜日「竹内謙礼の顧客をキャッチ」を執筆中。著書に『ネットで儲ける王様のカラクリ』(技術評論社)、『Amazonに勝てる絶対ルール』(商業界)、『ネットで売れるもの売れないもの』(日本経済新聞出版社)ほか多数。

【ホームページ】http://e-iroha2.com/

装丁・本文デザイン・作図・DTP　dig
カバー写真　Markus Moellenberg/Corbis/amanaimages
本文イラスト　たかやまふゆこ
編集　傳　智之

【お問い合わせについて】
本書に関するご質問は、FAXか書面でお願いいたします。
電話での直接のお問い合わせにはお答えできません。あらかじめご了承ください。
下記のWebサイトでも質問用フォームを用意しておりますので、ご利用ください。
ご質問の際には以下を明記してください。
・書籍名　　・該当ページ　　・返信先（メールアドレス）

ご質問の際に記載いただいた個人情報は質問の返答以外の目的には使用いたしません。
お送りいただいたご質問には、できる限り迅速にお答えするよう努力しておりますが、
お時間をいただくこともございます。
なお、ご質問は本書に記載されている内容に関するもののみとさせていただきます。

【問い合わせ先】
〒162-0846　東京都新宿区市谷左内町21-13　株式会社技術評論社　書籍編集部
「自力でドカンと売上が伸びるネットショップの鉄則」係
FAX：03-3513-6183
Web：http://gihyo.jp/book/2016/978-4-7741-8148-6

楽天にもAmazonにも頼らない！
自力でドカンと売上が伸びるネットショップの鉄則

2016年7月5日　初版　第1刷発行

著者　　竹内謙礼
発行者　片岡巌
発行所　株式会社技術評論社
　　　　東京都新宿区市谷左内町21-13
　　　　電話　03-3513-6150　販売促進部
　　　　　　　03-3513-6166　書籍編集部
印刷・製本　日経印刷株式会社

定価はカバーに表示してあります。
本書の一部または全部を著作権法の定める範囲を超え、無断で複写、複製、転載、テープ化、ファイルに落とすことを禁じます。

©2016　有限会社いろは

造本には細心の注意を払っておりますが、万一、乱丁（ページの乱れ）や落丁（ページの抜け）がございましたら、小社販売促進部までお送りください。送料小社負担にてお取り替えいたします。

ISBN978-4-7741-8148-6　C3055
Printed in Japan